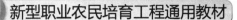
新型职业农民培育工程通用教材

# 休闲农业与乡村旅游

◎ 闫国龙　宋明珍　嵇道生　主编

中国农业科学技术出版社

# 图书在版编目（CIP）数据

休闲农业与乡村旅游／闫国龙，宋明珍，嵇道生主编 . —北京：中国农业科学技术出版社，2017.6（2021.9 重印）

新型职业农民培育工程通用教材

ISBN 978 - 7 - 5116 - 3069 - 8

Ⅰ.①休…　Ⅱ.①闫…②宋…③嵇…　Ⅲ.①观光农业 - 教材②乡村旅游 - 教材　Ⅳ.①F590

中国版本图书馆 CIP 数据核字（2017）第 096217 号

| | |
|---|---|
| **责任编辑** | 徐　毅 |
| **责任校对** | 贾海霞 |

| | |
|---|---|
| **出 版 者** | 中国农业科学技术出版社 |
| | 北京市中关村南大街 12 号　邮编：100081 |
| **电　　话** | （010）82106631（编辑室）　（010）82109702（发行部） |
| | （010）82109709（读者服务部） |
| **传　　真** | （010）82106631 |
| **网　　址** | http：//www.castp.cn |
| **经 销 者** | 各地新华书店 |
| **印 刷 者** | 北京中科印刷有限公司 |
| **开　　本** | 850mm×1168mm　1/32 |
| **印　　张** | 7 |
| **字　　数** | 165 千字 |
| **版　　次** | 2017 年 6 月第 1 版　2021 年 9 月第 10 次印刷 |
| **定　　价** | 26.00 元 |

新型职业农民培育工程通用教材

# 休闲农业与乡村旅游

◎ 闫国龙　宋明珍　嵇道生　主编

中国农业科学技术出版社

## 图书在版编目（CIP）数据

休闲农业与乡村旅游／闫国龙，宋明珍，嵇道生主编 . —北京：中国农业科学技术出版社，2017.6（2021.9 重印）

新型职业农民培育工程通用教材

ISBN 978 – 7 – 5116 – 3069 – 8

Ⅰ.①休…　Ⅱ.①闫…②宋…③嵇…　Ⅲ.①观光农业 – 教材②乡村旅游 – 教材　Ⅳ.①F590

中国版本图书馆 CIP 数据核字（2017）第 096217 号

| | |
|---|---|
| **责任编辑** | 徐　毅 |
| **责任校对** | 贾海霞 |

| | |
|---|---|
| **出 版 者** | 中国农业科学技术出版社 |
| | 北京市中关村南大街 12 号　邮编：100081 |
| **电　话** | （010）82106631（编辑室）　（010）82109702（发行部） |
| | （010）82109709（读者服务部） |
| **传　真** | （010）82106631 |
| **网　址** | http://www.castp.cn |
| **经 销 者** | 各地新华书店 |
| **印 刷 者** | 北京中科印刷有限公司 |
| **开　本** | 850mm ×1168mm　1/32 |
| **印　张** | 7 |
| **字　数** | 165 千字 |
| **版　次** | 2017 年 6 月第 1 版　2021 年 9 月第 10 次印刷 |
| **定　价** | 26.00 元 |

# 《休闲农业与乡村旅游》

# 编 委 会

# 内容提要

　　本书共7章，内容包括：休闲农业概述、休闲农业的发展模式、休闲农业与乡村旅游的资源、乡村旅游的设计、乡村旅游的开发、乡村旅游的筹办与营销、休闲农业与乡村旅游的政策法规。内容丰富、语言通俗、简明扼要。本书适用于广大新型职业农民、基层农技人员学习参考。

# 前　　言

　　休闲农业与乡村旅游是指利用一定区域范围内的乡村田园景观、自然生态环境、农业生产过程和乡土民俗文化，经过项目可行论证、主题创意策划、系统规划设计和精心配套建设，达到能为游客提供乡村休闲、自然观光、消费购物、农事体验、游乐活动、养生度假等多种服务的新型高效产业形态。其重大意义在于保障了农产品质量安全，缩短了农产品流通环节，加快了城乡统筹发展与城乡互动交流，促进了农民就业增收与新农村建设，全面深化和拓展了农业的加工增值功能、休闲服务功能、生态保护功能、观光体验功能、文化传承功能、科普教育功能和示范推广功能，引领农业、农村、农民向现代化方向迈进。目前，我国休闲农业和乡村旅游步入良好的发展机遇期。

　　本书围绕目前休闲农业与乡村旅游的发展模式编写而成。全书共7章，全面系统地介绍了休闲农业概述、休闲农业的发展模式、休闲农业与乡村旅游的资源、乡村旅游的设计、乡村旅游的开发、乡村旅游的筹办与营销、休闲农业与乡村旅游的政策法规等内容。在编排结构上，尽可能由浅入深，以适应农民学习规律的特点；在表达方式上，尽可能采用通俗易懂的语言，以适应农民朋友的文化水平；在内容选取上，既包括理论探索，又展示了大量的经典案例。

　　由于编写时间和水平有限，书中难免存在不足之处，恳请读者朋友提出宝贵意见，以便及时修订。

编　者

2017 年 3 月

# 目　　录

# 第一章　休闲农业概述

## 第一节　休闲农业基本理论

### 一、休闲农业的概念

休闲农业也称观光农业、旅游农业，是以农业资源、田园景观、农业生产、农耕文化、农业设施、农业科技、农业生态、农家生活和农村风情风貌为资源条件，为城市游客提供观光、休闲、体验、教育、娱乐等多种服务的农业经营活动。

从农村产业层面来看，休闲农业是农业和旅游业相结合、第一产业（农业）和第三产业（旅游及服务业）相结合的新型产业，也是具有生产、生活、生态"三生"一体多功能的现代农业。

从时空特点来看，休闲农业具有时间上的季节性，注重布局上的绿色生态性，重视资源整合和城乡关系的协调性。

### 二、休闲农业的功能

#### 1. 休闲性

休闲性是指依某些作物或养殖动物，构成多种具有观光、休闲和娱乐性产品，供人们欣赏和休闲。在不同类型观光农业区设计修建娱乐宫、游乐中心、表演场；在树林中设吊床、秋千；在海滨滩涂区踩文蛤、跳迪斯科舞；在水塘垂钓、抓鱼、套鸭子；

在草原区设跑马场，开展骑马、赛马等娱乐活动。

## 2. 观赏性

观赏性是指具有观光休闲功能的种植业、林业、牧业、渔业、副业和生态农业。观光农业的品种繁多，特别是那些千姿百态的农作物、林草和花木，对城市居民是奇趣无穷。这种观奇活动，使游人获得绿色植物形、色、味等多种美感。从农业本身看它是人工产物，如各种农作物、人工林、养殖动物等，它们既需人工培育，同时，又要靠大气、光热、降水等自然条件完成其生长周期，整个环境又属于田园旷野，因此，观光农业具有浓厚的大自然意趣和丰富的观赏性。

## 3. 参与性

让游人参与农业生产活动，让其在农业生产实践中，学习农业生产技术，体验农业生产的乐趣，例如，对其有趣的观光农业项目，让游人模仿和学习，如嫁接、割胶、挖薯、摘果、捕捞、挤奶、放牧、植稻、种菜等，还可以开展当一天农民的活动，游客可以直接参与农业生产的过程，从而了解农业生产，增长农业生产技术知识。

## 4. 文化性

观光休闲农业主要是为那些不了解、不熟悉农业和农村的城市人服务的，因此，观光农业的目标市场在城市，观光休闲农业经营者必须认识这种市场定位的特点，研究城市旅游客源市场及其对观光休闲农业功能的要求，有针对性地按季节特点开设观光休闲旅游项目。如体验种植活动在春季，采摘农业果实在秋季，森林疗养在夏季，狩猎在冬季。这样可以利用季节，定位市场，扩大游客来源。

## 三、休闲农业的类型

休闲农业发展受资源环境、区位交通、市场需要、农业基础、投资实力等多方面的影响，呈现出多元化、多层次、多类型的发展态势。

1. 按区域位置分

（1）城市郊区型。一般农业基础较好，生态环境好，农业特色突出，市场需求大，交通便利，发展休闲农业条件优越。

（2）景区周边型。一般靠近旅游景区，农业产品丰富，农村环境好，农民经营意识强，有利于休闲农业发展。

（3）风情村寨型。一般具有民族民俗风情，地域特色鲜明，农村土特产品丰富，可吸引游客体验民俗文化，参与农业生产活动。

（4）基地带动型。农业种养基地，特色农产品基地，农业科技园区等，可以让游客采摘、品尝农产品，参与农业活动，购买农产品。

（5）资源带动型。农业资源有森林、湖泊、草原、湿地等，可以发展森林休闲、渔业休闲、牧业休闲、生态休闲等休闲旅游业。

2. 按产业分

（1）休闲种植业。休闲种植业指具有观光休闲功能的现代化种植业。它利用现代农业技术，开发具有较高观赏价值的作物品种园地，或利用现代化农业栽培手段，向游客展示最新成果。如引进优质蔬菜、绿色食品、高产瓜果、观赏花卉作物，组建多姿多趣的农业观光园、自摘水果园、农俗园、农果品尝中心。

（2）休闲林业。休闲林业指具有观光休闲功能的人工林场、天然林地、林果园、绿色造型公园等。开发利用人工森林与自然森林所具有的多种旅游功能和观光价值，为游客观光、野营、探险、避暑、科考、森林浴等提供空间场所。

（3）休闲牧业。休闲牧业指具有观光休闲性的牧场、养殖场、狩猎场、森林动物园等，为游人提供观光、休闲和参与牧业生活的风趣和乐趣。如奶牛观光、草原放牧、马场比赛、猎场狩猎等各项活动。

（4）休闲渔业。休闲渔业指利用滩涂、湖面、水库、池塘等水体，开展具有观光、休闲、参与功能的旅游项目，如参观捕鱼、驾驶渔船、水中垂钓、品尝水鲜、参与捕捞活动等，还可能让游人学习养殖技术。

（5）休闲副业。休闲副业包括与农业相关的具有特色的工艺品及其加工制作过程，都可作为观光副业项目进行开发。如利用竹子、麦秸、玉米叶等编织多种美术工艺品；南方利用椰子壳制作、兼有实用和纪念用途的茶具，云南利用棕榈编织的小人、脸谱及玩具等，可能让游人观看艺人的精湛手艺或组织游人自己参加编织活动。

（6）观光休闲生态农业。建立农林牧渔综合利用土地的生态模式，强化生产过程的生态性、趣味性、艺术性，生产丰富多彩的绿色保健食品。为了给游人提供观赏和休闲的良好生产环境和场所，发展林果粮间作、农林牧结合、桑基鱼塘等农业生态景观、如广东珠江三角洲形成的桑、鱼、蔗互相结合的生态农业景观。

3. 按功能分

（1）观光农园。利用花园、果园、茶园、药园和菜园等，为游客提供观光、采摘、拔菜、赏花、购物及参与生产等活动，享受田园乐趣。

（2）休闲农园。利用农业优美环境、田园景观、农业生产、农耕文化、农家生活等，为游客提供欣赏田园风光、休闲度假，参与体验生态及文化等活动。

（3）科技农园。以现代农业生产为主，发展设施农业、生态农业、水耕栽培、农技博物馆等项目，为游客提供观光、休闲、学习、体验等活动。

（4）生态农园。以农业生态保护为目的兼具教育功能而发展的休闲农业经营形态，如生态农园、有机农园、绿色农园等，为游客提生态休闲、生态教育、生态餐饮等活动。

（5）休闲渔园。利用水面资源发展水产养殖，为游客提供垂钓、观赏、餐饮等活动。

（6）市民农园。农民将土地分成若干小块（一般以一分地为宜），将这些小块地出租给城里市民，根据市民要求，由农业园人员负责经营管理，节假日城里人去参与农业生产活动。

（7）农业公园。利用农业环境和主导农业，营造农业景观，设立农业功能区，为游客提供观光、游览、休闲、娱乐等活动。

**四、发展休闲农业的意义**

发展休闲农业是发展现代农业、增加农民收入、建设社会主义新农村的重要举措，是促进城乡居民消费升级、发展新经济、培育新动能的必然选择。

发展休闲农业具有3个方面的意义。

一是可以充分开发利用农村旅游资源，调整和优化农业结构，拓宽农业功能，延长农业产业链，发展农村旅游服务业，农村剩余劳动力转移和就业，增加农民收入，为新农村建设创造较好的经济基础。

二是可以促进城乡统筹，增加城乡之间互动，城里游客把现代化城市的政治、经济、文化、意识等信息辐射到农村，使农民不用外出就能接受现代化意识观念和生活习俗，提高农民素质。

三是可以挖掘、保护和传承农村文化，并且进一步发展和提升农村文化，形成新的文明乡风。

## 第二节  休闲农业的产生和发展

### 一、国外休闲农业的产生和发展

自 19 世纪 60 年代休闲农业出现起，至今已有 140 余年的发展历程，其发展过程可大致归纳为 3 个阶段，即萌芽阶段、发展阶段和扩展阶段。

1. 萌芽阶段

即开始出现观光农业旅游活动，但只是城市居民到乡村去欣赏自然风光。

19 世纪初，农业蕴涵的观光旅游价值逐步显现出来。19 世纪 30 年代，由于城市化进程加快，人口急剧增加，为了缓解都市生活的压力，人们渴望到农村享受暂时的悠闲与宁静，体验乡村生活。于是农业旅游在欧洲大陆兴起。1865 年，意大利"农业与旅游全国协会"的成立标志着休闲农业的产生。当时的协会介绍城市居民到乡村去体味农野间的趣味，他们与农民一起吃饭，一同劳作，搭建帐篷野营，或直接在农民家中留宿。

2. 发展阶段

即具有观光职能的专类农园开始出现，逐步替代仅对大田景观的观赏。

第二次世界大战后，世界各国工业化和城市化进程加快，城市人口的高度集中、交通拥堵、环境的污染，加之日益激烈的工作竞争，都使得人们倍感疲倦。而乡村环境所形成的森林、郊野、农场等资源恰好满足了人们对于放松身心的渴望，于是，具有观光职能的农园开始大量涌现。农园内的活动以观光为主，结合游、食、住、购等多种方式，同时，还产生了相应的专职服务人员，这标志着休闲农业打破传统农业的束缚，成为与旅游业相结合的新型交叉型产业。

3. 扩展阶段

即参与性、现代化的旅游模式替代传统型、静态、休憩模式。

20 世纪 80 年代后，更多地参与实践，亲身体会农事活动的乐趣成为越来越多旅客的需求，于是广泛参与性的多元化、特色化休闲项目被广泛开发并推广，逐步替代了传统的旅游方式。

## 二、我国休闲农业的产生和发展

我国休闲农业兴起于改革开放以后，开始是以观光为主的参观性农业旅游。20 世纪 90 年代以后，开始发展观光与休闲相结合的休闲农业旅游。进入 21 世纪，观光、休闲农业有了较快的发展。具体发展阶段如下。

1. 早期兴起阶段（1980—1990 年）

该阶段处于改革开放初期，靠近城市和景区的少数农村根据当地特有的旅游资源，自发地开展了形式多样的农业观光旅游，举办荔枝节、桃花节、西瓜节等农业节庆活动，吸引城市游客前来观光旅游，增加农民收入。如广东省深圳市举办了荔枝节活动，吸引城里人前来观光旅游，并借此举办招商引资洽谈会，收到了良好效果。河北省涞水县野三坡景区依托当地特有的自然资源，针对京津唐游客市场推出"观农家景、吃农家饭、住农家屋"等多项旅游活动，有力地带动了当地农民脱贫致富。

2. 初期发展阶段（1990—2000 年）

该阶段正处在我国由计划经济向市场经济转变的时期，随着我国城市化发展和居民经济收入提高，消费结构开始改变，在解决温饱之后，有了观光、休闲、旅游的新要求。同时，农村产业结构需要优化调整，农民扩大就业，农民增收提到日程。在这样背景下，靠近大、中城市郊区的一些农村和农户利用当地特有农业资源环境和特色农产品，开办了观光为主的观光休闲农业园，开展采摘、钓鱼、种菜、野餐等多种旅游活动。如北京锦绣大地农业科技观光园、上海孙桥现代农业科技观光园、广州番禺区化龙农业大观园、河北北戴河集发生态农业观光园、江苏苏州西山现代农业示范园、四川成都郫县农家乐、福建武夷山观光茶园等。这些观光休闲农业园区，吸引了大批城市居民前来观光旅游，体验农业生产和农家生活，欣赏和感悟大自然，很受欢迎和青睐。

### 3. 规范经营阶段（2000 年至今）

该阶段处于我国人民生活由温饱型全面向小康型转变的阶段，人们的休闲旅游需求开始强烈，而且呈现出多样化的趋势。

（1）更加注重亲身的体验和参与，很多"体验旅游""生态旅游"的项目融入农业旅游项目之中，极大地丰富了农业旅游产品的内容。

（2）更加注重绿色消费，农业旅游项目的开发也逐渐与绿色、环保、健康、科技等主题紧密结合。

（3）更加注重文化内涵和科技知识性，农耕文化和农业科技性的旅游项目开始融入观光休闲农业园区。

（4）政府积极关注和支持，组织编制发展规划，制定评定标准和管理条例，使休闲农业园区开始走向规范化管理，保证了休闲农业健康发展。

（5）休闲农业的功能由单一的观光功能开始拓宽为观光、休闲、娱乐、度假、体验、学习、健康等综合功能。

## 第三节　休闲农业发展现状

### 一、欧洲休闲农业发展现状

#### 1. 意大利

1865 年，意大利成立"农业与旅游全国协会"，标志着休闲农业的产生，当时的协会介绍城市居民到乡村去体会农野间的趣味，他们与农民一起吃饭，一同劳作，搭建帐篷野营，或直接在农民家中留宿。作为意大利旅游业中的新秀，20 世纪 70 年代农业旅游被人们称为"绿色假期"，可见其兴盛之势。随着"崇尚绿色、注重提高生活质量"逐步成为意大利人的新生活观念，农业旅游也已逐步发展成为集现代化都市生活、新型生态环境景观、丰富民情民俗于一体的新型产业。

#### 2. 德国

德国的休闲农业最初源于 Klien Garden。Klien Garden 是当时许多德国人为享受亲自栽培作物的乐趣，在自家庭院中划分的小块园艺用地形式。到 19 世纪后半叶德国推行"市民农园"体制，这成为了德国休闲农业的真正发端。那时，德国政府为每户居民提供一小块荒地，让他们用作自家的小菜园，以实现蔬菜的自给自足，其目的是：树立健康生活理念，让住在狭窄公寓里的都市居民能够获取充足的营养。历经多年的发展"市民农园"的主旨已成为为市民提供体验农家生活机会，使久居都市的人享受田园之乐。目前，"市民农园"呈兴旺发展之势，其产品总产值已占到德国农业总产值的 1/3。

#### 3. 法国

法国休闲农业是由政府、社会团体和农民协会来推动发展的。最初，农业旅游只是贵族的消遣活动，20 世纪 70 年代后，随着 5 天工作制的推行，越来越多的人到田野欣赏自然风光、品尝特产，有兴趣的甚至亲自参与农活，这些活动极大地促进了"工人菜园"的发展，使法国的农业旅游渐渐兴盛。现在法国旅游收入的 1/4 来源于农业旅游，每年约 700 亿法郎的收益使农业旅游成为法国的重要支柱产业。

1998 年，法国农业会议常设委员会（APCA）设立了农业及旅游服务接待处（Le Relais Agriculturd et Tourisme），并联合法国农业经营者工会联盟（FIVSEA）、法国农会与互动联盟（CNMC-CA）和国家青年农民中心（CNJA）等专业农业组织，设计研发了"欢迎莅临农场（Bienvenue à la ferme）"组织网络，当时有 3 000 多个农户加盟。APCA 与农业服务接待处还将法国的农场划分为三大类型，即美食品尝类、休闲类和住宿类，三大类农场又以其不同的属性分为 9 个系列：点心农场、农产品农场、农场客栈、暂住农场、露营农场、骑马农场、狩猎农场、教学农场和探索农场，组织网络不仅提供辅助政府制定相关政策，为农场日常经营提供必要的帮助，还制定了专门的条例，有效区分市场，严格规范农场行为，禁止售卖或采买远方农场的农产品类型，以保证每个农场都别具特色，避免恶性竞争，从而提高法国农场旅游的竞争指数。

### 4. 英国

英国的国家公园和早期的一些私人庄园（现已归为国家所有，属观光型农业公园）是英国休闲农业的发源。1981 年以来，受到国内经济问题的困扰及欧盟对农业结构支持的变化等因素影响，英国农业一度陷入困境，而休闲农业成为了提高农民收益、拯救农业的极佳选择。据资料显示，英国约有 19.7% 的农民从事农业旅游服务业，1994 年，休闲农业给每户农民带来约 1 万美元的额外收入，63% 的农民认为休闲农业是未来增加收入的有效途径，对他们极其重要。

### 二、美洲休闲农业发展现状

第二次世界大战后，美国出现了食物生产过剩局面，为解决这一问题，美国政府着力推行农地转移计划，即协助农民转移农地的非农业使用，并在经费和技术上提供相应支持。这一举措有力地推进了美国休闲农业的发展。

20 世纪 60—70 年代，到农村去骑马、骑牛，重温农村生活成为一种风尚。到了 80—90 年代，度假农场、早餐加住宿的乡村旅馆以及商业旅游等形式都已十分普遍。据资料记载，2004年约 5 万家农场从农业旅游中获得总数约 9.55 亿美元的额外收入，其中骑马和农场度假最为普遍，且面积在 400hm² 以上的农场旅游收入最高。

美国的休闲农业特色除规模化外，还有完善的法律法规保护农业旅游发展。其专门设有全国农业法规中心，其法律法规可划分为三大类：一般法律（大多数农业旅游经营企业必须遵循的法规）、雇员法（农业旅游经营者雇佣工人时要依据的法律）和经营范围法（农业旅游经营者经营的农业用地只能从事农业活动，要改变土地用途需经过相关部门审批核准）。另外，还专门设有对经营者的保护性法规。

### 三、亚洲休闲农业发展现状

1. 日本

20 世纪 60 年代，由于经济快速发展，大量的农民涌入城市，农村劳动力不断减少，农村土地普遍出现过疏化现象。为了解决这一问题，日本政府采取了一系列措施，发展都市农业就是举措之一。日本的休闲农业是定位于"特大国际化大都市局部地区"的都市农业，是以工业及科技优势为依托的产业格局，它起着"食"与"绿"两方面作用（即为市民提供生活所需的各种新鲜的农副产品；为市民营造生存所需的绿色生态环境，发挥其保持生态平衡，抗灾防灾等公益功能）。经营形态主要包括银发族农园、市民农园、农业公园、观光农园、观光渔村、民俗农庄、体验农业园。

### 2. 新加坡

新加坡是一个城市国家，为了高效利用有限的土地，政府有效引导农业产业与旅游业的结合，充分发掘科技在农业生产过程中的作用。目前，已成立高新科技农业开发区 10 个，建成 10 个农业科技公园，兼有生产与游览功能的农业生态走廊 50 条。改善农业产业结构、构建世界一流的花园景观生态环境，同时每年还能吸引 500 多万名旅客，年创汇超 50 亿美元，成为了享誉世界的"绿色旅游王国"。

### 3. 我国休闲农业发展状况

20 世纪 80 年代后期，深圳首次开办了荔枝节，取得了较好的效益，于是各地纷纷仿效。20 世纪 90 年代以后，开始发展观光与休闲相结合的休闲农业旅游。目前，我国休闲农业旅游项目如农家乐、文化风情游、采摘节等多种形式，已在全国各地蓬勃开展。但是，由于缺乏科学有效的整体规划，导致了盲目开发、重复建设、缺乏特色、规模偏小、品位不高、恶性竞争、管理不善、服务落后、环境受损等问题，同时，因缺乏有效法律法规的规范而导致的土地流转纠纷、非法占地等问题，也浮现出来。因此，借鉴国外休闲农业发展的成功经验及做法，对我国休闲农业的健康有序发展具有重要意义。

## 第四节 休闲农业的经典案例

### 一、国外休闲农业经典案例

#### 1. 韩国——周末农场型

韩国发展休闲农业的经典形式为"周末农场"和"观光农园"，以江原道旌善郡大酱村为例：大酱村首先抓住游客好奇心出奇制胜的由和尚与大提琴家共同经营，利用当地原生材料采用韩国传统手艺制作养生食品的方式制造大酱，既符合现代人的养生学，还可以让游客亲临原初生活状态下的大酱村，同时，节省资本、传承民俗文化特色。此外休闲农业的经营者还特别准备了以3 000个大酱缸为背景的大提琴演奏会，绿茶冥想体验，赤脚漫步树林及美味健康的大酱拌饭，增加了游客的体验性，体现了乡村旅游的就地取材、地域特色浓郁的同时，迎合了修身养性的市场需求，成功地吸引了大量客源。

值得学习的经验：以"奇"为突破口，和尚与大提琴家共同经营是创意的奇特，配合这样的理念，开展3 000个大酱缸为背景的大提琴演奏会，是实践的奇特，同时，将韩国泡菜、大酱拌饭为核心招牌突出乡土气息，也是乡村旅游发展的灵魂。

#### 2. 亚洲发达国家——生态交流型

相对于欧美，休闲农业起步较晚的亚洲发达国家发展速度却极其迅速。以体验农村生活为主题的电视节目、杂志和报纸在当今城市居民对农业、农村需要高涨的背景下人气非常旺盛，因此生态交流型的乡村旅游在该地区受到欢迎。典型代表是日本的大王山葵农场，该农场以黑泽明导演的电影《梦》拍摄地点而闻名日本全国，每年吸引约120万访客旅游。这种以农场为依托，以媒体传播为宣传手段也是乡村旅游发展的方向之一。

值得学习的经验：宣传手段，通过影视作品来促进休闲农业的发展，提升品牌一直是行之有效的宣传手段，所以，在条件允许的情况下，可以通过这样的方式来宣传乡村旅游目的地，更重要的是提示休闲农业经营者宣传促销的重要性。

3. 欧洲——乡野农庄型

欧洲国家休闲农业发展最早，并形成多元化的乡村旅游形态，在这之中，"民宿农庄""度假农庄"尤为典型。这种形态的旅游或以度假为主的民宿农庄、露营农场、或以美食品尝为主的农场饭店开展，也有以适应欧洲居民习俗的骑马农场、教学农场、探索农场和狩猎农场等形式发展起来。例如，在法国、奥地利、英国农村，将旅游住宿附加球场、赛马场、钓鱼场、园林等设施，迎合休闲旅游者需求。

值得学习的经验：增加休闲农业的参与性项目，欧洲国家这种休闲农业的发展本身就是由赛马、高尔夫球、钓鱼等实际参与性活动的催生而形成的，可见对于休闲农业的发展其参与性项目的重要性，民俗、露营、美食品尝等进行当地特色化也是乡村旅游发展的重点之一。

4. 法国——普罗旺斯

法国南部地中海沿岸的普罗旺斯不仅是法国国内最美丽的乡村度假胜地，更吸引来自世界各地的度假人群。普罗旺斯的特色植物——薰衣草成为普罗旺斯的代名词，其充足灿烂的阳光最适合薰衣草的成长，因此，游客不仅可以欣赏花海，还带动了一系列各式薰衣草产品的销售。除了游览，其特色美食——橄榄油、葡萄酒、松露也是享誉世界。还有持续不断的旅游节庆活动，以营造浓厚的节日氛围和艺术氛围，不断吸引来自全球的度假游客。

5. 澳洲——葡萄酒庄园

澳洲乡村葡萄酒庄园已成为澳洲本地及世界旅游市场的热门

度假项目之一。最具特色的当然还属其葡萄酒酿造业，澳大利亚的葡萄酒蜚声海内外，以口感好、甜味始终、价格实惠著称。游客不仅因葡萄酒而来，也因其特色壮丽的葡萄种植园和庄园城堡的特色景观。葡萄酒庄园还围绕葡萄酒酿造开展了丰富的旅游活动，如葡萄采摘、葡萄酒品尝、参观葡萄酒酿制过程、参加酒艺培训学校等，完美地结合了乡村产业与乡村旅游。

**二、国内休闲农业经典案例**

1. 江苏华西村

江苏省江阴市华士镇的华西村，依托休闲农业成为全国闻名的现代化示范村，其推出的"农家乐趣游""田园风光游""休闲生态游"等旅游产品满足了都市人们体验农家生活、追求休闲、度假的需求，同时，开辟了农家乐特色游，住传统农舍、烧传统锅灶、用传统厨具，自钓活鱼、自摘蔬菜、自饮自娱，让城市游客不仅尝到鲜美地道的农家菜，也感受到农村和农家生活的新鲜和乐趣。丰富了休闲农业发展的内容，也为华西村提供了一个有效致富之道（图1-1）。

**图1-1 江苏华西村**

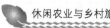
值得学习的经验：传统特色项目的深度挖掘，产品多样化发展。开展了"农家乐趣游""田园风光游""休闲生态游"的同时，通过住传统农舍、烧传统锅灶、用传统厨具，自钓活鱼、自摘蔬菜体现了乡村特色。

2. 成都"五朵金花"

以花卉产业为载体发展乡村休闲旅游的"五朵金花"是成都锦江区三圣乡的五个村雅称。采取自主经营、合作联营、出租经营等方式，该区域的农户依托特色农居，推出休闲观光、赏花品果、农事体验等多样化的休闲农业项目，现已形成了红砂村的"花乡农居"、幸福村的"幸福梅林"、驸马村的"东篱花园"、万福村的"荷塘月色"、江家村的"江家菜地"等著名休闲农业景点，吸引着众多游客前往，成为休闲农业开发的典范（图1－2至图1－6）。

**图1－2　红砂村的"花乡农居"**

值得学习的经验：发挥区域合作优势，突出主题产业载体，乡村旅游发展中的瓶颈之一就是力量单薄，无论是资金、基础设

图1-3 幸福村的"幸福梅林"

图1-4 驸马村的"东篱花园"

图1-5　万福村的"荷塘月色"

图1-6　江家村的"江家菜地"

施还是所依托的景区资源，基本上每个乡村旅游发展过程中都会遇到相关问题，所以，在"五朵金花"的案例中，将5个村子联合起来，以花卉产业为载体的发展模式为乡村旅游的区域合作发展，增加项目发展的凝聚力提供了突破口。

3. **嘉善休闲农业**

嘉善县通过积极培育发展休闲观光农业，形成了以碧云花园为代表的农业园区型，以浙北桃花岛为代表的基地拓展型，以汾湖休闲观光农业带为代表的资源景观型，以祥盛休闲农业园、龙洲休闲渔业园为代表的特色产品型，以西塘荷池村、陶庄渔民公园为代表的"农家乐"型等多种休闲观光农业和乡村旅游。并于2011年3月嘉善县获得了农业部和国家旅游局联合授予的首批"全国休闲农业与乡村旅游示范县"称号（图1-7）。

**图1-7　浙北桃花岛**

值得学习的经验：休闲农业的休闲化，随着观光旅游逐渐向休闲产业转换的过程中，嘉善休闲农业将观光业和休闲业很好地结合起来为乡村旅游的与时俱进开辟了一条道路。

4. 贵州余庆白泥坝区现代农业旅游规划

余庆地处黔北南陲，系遵义、铜仁、黔东南、黔南四地州（市）的结合部。北与湄潭，东与石阡、凤冈，南与黄平、施秉，西与瓮安接壤。北部、中部为乌江河谷阶地，县城所在的白泥盆地，是贵州省著名的万亩大坝之一。规划区紧靠余庆县县城，白泥万亩（1 亩 =667m$^2$，下同）大坝是贵州省 19 个万亩大坝和全国 100 个万亩大坝之一，是余庆县粮食生产的主要地区，具有良好的区位发展优势（图 1 - 8）。

图 1 - 8　白泥坝区现代农业观光园

值得学习的经验：水资源是开展休闲农业不可或缺的资源之一，流动的水能有效地带活乡村旅游，让乡村充满活力；亲水性的旅游项目，更容易让游客体验最为原始的乡村生活场景。所以本次设计充分依托余庆县自身的山、水景观特色，充分挖掘和提炼地段中的自然环境要素，通过有机的设计使人在规划区中充分感受到山、水，突出山、城、水、绿交融的生态格局，从而形成深刻的旅游印象。

【拓展阅读】

## 打造休闲农业的 20 个概念

理解如下 20 个概念，能够更深刻地认识休闲农业，为休闲农业、乡村旅游的发展带来一定的启示。

1. 什么叫慢生活

"慢生活"是一种生活态度，是一种健康的心态，是一种积极的奋斗，是对人生的高度自信。在以"数字"和"速度"为衡量指标的今天，少数人仍然保有快乐人生的能力，这里的"慢"，并非速度上的绝对慢，而是一种意境，一种回归自然、轻松和谐的意境。我们的休闲农庄也可把综合接待区营造为慢生活区。

2. 什么叫乐生活

活，是一个西方传来的新兴生活型态族群，意为以健康及自给自足的形态过生活，强调"健康、可持续的生活方式"。"健康、快乐，环保、可持续"是乐活的核心理念。农庄也可牵头成立同城的乐活会、乐活汇、乐活圈、乐活社、乐活俱乐部。

3. 什么叫"第三地"

第三地是一个舶来词，也称第三生活空间，其含义是，人们除家庭和办公之外的第三个经常光顾的地方，多为酒吧、咖啡馆、私人俱乐部等。人们生活状态的"三分式"：现代人的时间分为工作、休息、生活，人的关系分为亲人、同事、朋友，所以，相对应的活动场所也就分为家、办公室、"第三地"。

### 4. 什么叫众筹农业

众筹，即大众筹资或群众筹资，由发起人、支持者、平台构成。具有低门槛、多样性、依靠大众力量、注重创意的特征。众筹农业是 CSA 社区支持农业和团购的升级版，发起人并不一定是因为缺少启动资金，而是通过众筹让消费者参与进来，形成一个固定的消费群体，并迅速带动相关消费圈子，同时，也满足了参与者自娱自乐、自给自足、扩大社交、投资理财的需求。对于休闲农业与乡村旅游综合项目而言，可以拿出一些子项目对外众筹，不失为一种融资、融智、融人气的好策略。

### 5. CSA 是什么意思

CSA 是"社区支持农业"的简称，一种新型农场经营模式。CSA 模式起源于上世纪 70 年代的瑞士，消费者为了寻找安全的食物，与那些希望生产有机食品并建立稳定客源的农民达成供需协议，并直接由农场送上门。之后，这种模式在世界各地快速发展，并且有了改良。

### 6. 什么是自然农法

自然农法相当于国内的有机农业，只是名字更贴切。"土地是物质，物质由土地产生又回归土地"，这种闪烁着环境科学尤其是生态学中以生命为中心的物质循环法则的光辉思想就是自然农法的基本点。自然农法对我们发展休闲农业还有很多启示，一方面，我们可以按照自然农法生产优质天然农产品；另一方面我们可以对自然农法进行外延拓展，增加一些特色体验项目。

### 7. 什么是母本园

母本园指提供优良接穗、插条、芽苗、种子和砧木等为果树苗木繁殖材料的场所。包括良种母本园和砧木母本园。前者要求有适宜的自然环境条件，灾害性天气少；品种典型纯一；采用优良的农业技术措施；选择无病毒和无重要病虫害、特别是无检疫对象病虫害的地区；园地周围没有中间寄生植物，有条件的需进行隔离。后者除有计划地新建外，可将野生砧木资源丰富的地区，如有成片的典型性较高的野生砧木林，通过选择，去杂去劣，改建成砧木母本园。

8. 什么是老种子保护园

自古以来，农民在自家菜园里种菜，种子都是去年留下的。年复一年，代代相传，那些老种子从未消逝过。休闲农业园区可采取有机种植保留方式，首先通过民间的力量，如公益组织以及个人，收集各地濒危的老种子，然后给老种子建立档案，储存于简单得种子储存库，每年由有机农场开辟一块耕地，种植老种子，通过每年的种植来更新储存的种子，同时，还可以将收获的蔬果供消费者食用，让蔬菜的老口味回归餐桌。

9. 什么是农业综合体

农业综合体是以农业为主导，融合工业、旅游、创意、地产、会展、博览、文化、商贸、娱乐等3个以上产业的相关产业与支持产业，形成多功能、复合型、创新性产业结合体。包括区域性综合体、农园综合体、农博综合体、主题产业综合体、卖场综合体等形态。农业综合体，就是用工业化发展理念，借鉴城市综合体概念提出来的现代农业发展的新型载体形式。

10. 何为无印良品

其本意是"没有商标与优质"，追踪无印良品的本源，它既不是品牌，也不是乐队，而是专指只供皇家使用，在世袭的小作坊中，经历数代工艺沉淀，全部由人手制作而成的产品。由于产量稀少，也没有所谓商标，它们的价值已远不能用金钱来衡量；也由于做工精美以及极具收藏价值的稀缺性和增值性，无印良品早已成为上层人士争相推崇的精神标签，称得上是藏品中的珍品。

11. 何为伴手礼

以往的华人社会为农业社会，人情味浓厚，凡出外或是回

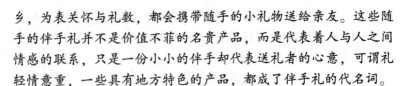

乡，为表关怀与礼数，都会携带随手的小礼物送给亲友。这些随手的伴手礼并不是价值不菲的名贵产品，而是代表着人与人之间情感的联系，只是一份小小的伴手却代表送礼者的心意，可谓礼轻情意重，一些具有地方特色的产品，都成了伴手礼的代名词。

12. 什么是农夫市集

农夫市集是由一群关注生态农业和"三农"问题的消费者志愿发起，旨在搭建一个平台，让从事有机农业的农户能够和消费者直接沟通、交流，既帮助消费者找到安全、放心的产品，也帮助农户拓宽市场渠道，鼓励更多农户从事有机农业，从而减少化肥和农药带来的环境污染、维护食品安全、实践公平贸易。农夫市集也是小农生产的安全农产品和消费者直接对接的平台，休闲农庄举办农夫市集，有利于促进当地农民的发展增收，体现农庄的公益形象，营造农庄卖场氛围。

13. 什么是低碳旅游

低碳旅游是指以减少二氧化碳排放的方式，保护旅游地的自然和文化环境，包括保护植物、野生动物和其他资源；尊重当地的文化和生活方式；为当地的人文社区和自然环境做出积极贡献的旅游方式。低碳化的旅游方式就是将旅游活动、度假方式等消费行为的排碳量控制在合理的水平，使旅游既能益智益体，放松心身，保持优雅的生活方式，又在环境资源承载的范围内。

14. 什么是亲子旅游

亲子旅游是继家庭旅游细分后产生的，更具体的，更关注与孩子的需求相关的一种旅游形式。其活动范围较小，一般局限于家长所在城市及附近所辖县市，目的是培养小孩的认知和自理能力。6～12岁：这个年纪的孩子比较好动，所以选择主题公园、海滩、登山等简单的户外旅游就可以满足他们的要求。12～18岁：这个年龄段的孩子已有了自己的想法，所以，最重要的就是让他们参与到旅游的计划，到目的地自由选择自己想做的事。

15. 什么是乡村游学营地

游学是世界各国、各民族文明中，最为传统的一种学习教育方式。

所谓游学即是一个"行万里路，读万卷书"的过程。乡村游学是指离开自己熟悉的环境，到乡村另一个全新的环境里进行学习和游玩，既不是单纯的旅游也不是简单的学，在学习之中潜移默化的体验人生，在体验当中学习。休闲农庄可以结合夏令营、冬令营、周末营以及青少年第二课堂的形式，把自然生态教育、趣味知识教育、传统国学教育、手工技能教育、艺术特长教育、职业体验教育等融为一体，寓教于乐，建设当地独具特色的青少年游学营地。

16. 什么是"无景点旅游"

所谓无景点旅游，就是到了一个陌生的地方住下，但并不会特别去逛景点，而是走到哪里算哪里。"无景点"旅游与自助游、自驾游、农家游一样，属于休闲游的一种。其特点是：自主，自愿，自助，自由。自主，就是自主选择落脚点，自主选择行走路线，自主决定景点。与众不同的是"无景点"旅游在途中不再是"到知名景点一游"，而是"驻扎"到某地，吃吃饭，喝喝茶，随意安排行程，在城市大街小巷或乡郊野外悉心品味民风民俗，不再跟随旅行团走马观花地参观门票高涨的景点。

17. 什么是"不开发区"模式

在"不开发区"里，农业主导、自然生态优先，是用工业反哺农业的新模式来发展生态、科技、高效农业。在"不开发区"启动后，区内房价已大幅见涨，过去工业上的弱势已成为生态上的优势，绿野葱葱、小桥流水的江南原味令许多投资者趋之若鹜。"不开发"的风靡也让该区域农民体验到了生态与收益的双重快感，成为"幸福江阴"建设中城乡一体化的生动写真。

### 18. 什么是非物质文化遗产

非物质文化遗产是指各种以非物质形态存在的与群众生活密切相关、世代相承的传统文化表现形式，包括口头传统、传统表演艺术、民俗活动和礼仪与节庆、有关自然界和宇宙的民间传统知识和实践、传统手工艺技能等以及与上述传统文化表现形式相关的文化空间。因此，对于非物质文化遗产传承的过程来说，人的传承就显得尤为重要。

### 19. 何为国民幸福指数

国民幸福指数（GNH）最早是由南亚的不丹王国的国王提出的，他认为"政策应该关注幸福，并应以实现幸福为目标"，人生"基本的问题是如何在物质生活（包括科学技术的种种好处）和精神生活之间保持平衡"。在这种执政理念的指导下，不丹创造性地提出了由政府善治、经济增长、文化发展和环境保护四级组成的"国民幸福总值"（GNH）指标。

### 20. 何为泛休闲农业智库

泛休闲农业智库是一群以"田园城市，活力乡村"为理想追求，以"泛思广益，悦世致用"为价值取向，以"与农共舞，一路同行"为行动指南的乡土屌丝专家，于2012年在全国休闲农业创意大赛暨高峰发展论坛上首倡创建的。我在故我思，我思故我在。这里没有高人，这里没有大师。这里只关乎乡土智慧、乡土力量、乡土守望、乡土情谊、乡土资本与乡土品牌。这里有我们关于乡土的集体记忆，更有繁荣家乡的共同追求。力求从顶层设计到分类指导、从理论研究到实践应用、从信息共享到定向协作，引导每一个休闲农庄，成为农业大观园、教育大课堂、生态会客厅、聚会大本营、美食嘉年华、特产购物村、科普新阵地、艺术新载体，促进城市与乡村、传统与时尚、技术与艺术、文化与创意、产业与平台的融合发展。

# 第二章 休闲农业的发展模式

目前，我国休闲农业发展的模式多种多样，主要包括田园农业旅游、民俗风情旅游、农家乐旅游、村落乡镇旅游、休闲度假旅游、科普教育旅游、回归自然旅游等。

## 第一节 田园农业旅游模式

### 一、田园农业旅游模式含义及类型

1. 田园农业旅游模式的含义

田园农业旅游模式是指以农村田园景观、农业生产活动和特色农产品为旅游吸引物，开发农业游、林果游、花卉游、渔业游、牧业游等不同特色的主题旅游活动，满足游客体验农业、回归自然的心理需求。

2. 田园农业旅游模式的主要类型

（1）田园农业游。以大田农业为重点，开发欣赏田园风光、观看农业生产活动、品尝和购置绿色食品、学习农业技术知识等旅游活动，以达到了解和体验农业的目的。如上海孙桥现代农业观光园，北京顺义"三高"农业观光园。

（2）园林观光游。以果林和园林为重点，开发采摘、观景、赏花、踏青、购置果品等旅游活动，让游客观看绿色景观，亲近美好自然。如四川泸州张坝桂圆林。

（3）农业科技游。以现代农业科技园区为重点，开发观看园区高新农业技术和品种、温室大棚内设施农业和生态农业，使游客增长现代农业知识。如北京小汤山现代农业科技园。

（4）务农体验游。通过参加农业生产活动，与农民同吃、同住、同劳动，让游客接触实际的农业生产、农耕文化和特殊的乡土气息。如广东高要广新农业生态园。

**二、田园农业旅游模式典型案例**

1. 上海孙桥现代农业观光园

上海孙桥现代农业观光园本着"国外先进农业与中国农业接轨，传统农业向现代农业转变"的前瞻性发展理念，重点发展六大主导产业：以蔬菜、花卉为主体的种子种苗产业；以绿色蔬菜、食用菌、花卉为主体的设施农业产业；农产品精深加工产业；利用细胞工程、微生物工程和基因工程的生物技术产业；温室工程安装制造产业；与农业相关的物流交易、休闲居住、观光旅游、会展培训等第三产业（图2-1）。

**图2-1 上海孙桥现代农业观光园**

上海孙桥现代农业观光园是全国农业旅游示范点。园内有自控玻璃温室、2hm$^2$工厂化育苗温室、水栽培种植区、番茄"树"

种植区、奇异瓜果区、蜜蜂科普区、农展馆、巴西昆虫馆、科普长廊、蝴蝶兰花卉馆、自采橘园、自采农业园、嘉爱宠物乐园等。

特色：集旅游、科普教育、实际生产和品尝新鲜蔬菜为一体，不仅能让旅游者参观到别具特色的景观，还能让旅游者真正体验到寓教于乐和采收果实的喜悦心情。

2. 四川泸州张坝桂园林

泸州市张坝桂园林景区被列为四川全省74个景区中唯一的生态旅游和观光农业风景区，在确定的4条优先发展的国际旅游线路中，张坝桂圆林景区榜上有名（图2-2）。

图2-2 泸州市张坝桂圆林景区

张坝是一个天然的"植物园"，现有桂圆树1.5万株，荔枝1 000多株，楠木1 000多株，柑橘上万株。其中，上百年的树木6 000多株，主要为桂圆树。张坝桂圆作为中国内陆桂圆种质基因库，作为北回归线以上桂圆次适宜地带最集中的具有上百年历史的桂圆树人工造林，其植物学价值一如动物学中的大熊猫。

按照规划，泸州桂圆林风景区将建成 4 个不同功能的分区，即主景游览区、名果街区、旅游度假区和花木盆景区。主景游览区以游览桂圆林生态环境为主，同时，结合人工园林，区内还包括水母湖和一个人工湖，可开展划船、钓鱼、游泳、野餐、登山等娱乐活动；名果街区将具有旅游购物以及"农家乐"等功能，成为桂圆林内最能体现经济效益的一个区域；旅游度假区将是一个相对安静的环境，名景点沿游览道路依次展开，供人们休闲；花木盆景区内将建设有民居风格的仿古园林建筑，如亭、廊、榭等，除可以观赏到花木盆景处，还将观赏到张坝一宝—奇石。另外，在枯水期，张坝紧靠长江的千亩沙滩也将是游人的好去处。

3. 北京小汤山现代农业科技园

随着人们生活水平的提高，"追求自然、向往绿色"已经成为一种生活时尚。小汤山农业园自建园以来，历经七载，已建设成为一个集旅游观光、农业考察、科普教育、温泉疗养、特色餐饮、种植采摘、安全蔬菜生产于一体的现代农业观光园（图 2 - 3）。

图 2 - 3　北京小汤山现代农业科技园

园区整体规划面积 111.6km²，核心区面积 30km²。依据高新农业项目特点将其规划为 5 个区，即籽种农业示范区、水产养殖示范区、设施农业示范区、加工农业区、休闲度假区。目前，园区已有国家级北方林木种苗基地、国家淡水渔业工程技术研究中心、精准农业项目、中国台湾三益兰花基地、中日三菱示范农场等 50 家最大现代农业高新技术企业入驻，总投资达 30 亿元，其中大型设施达到 60 万 m²，形成了小汤山特菜、林木种苗、花卉、鸵鸟、高档淡水鱼、肉用乳羔羊等一批优势产业。

小汤山农业园依据独特的地热资源，已建成一条温泉文化、生态农业旅游观光线，成为融自然风光与现代农业为一体的观光胜地。这里冬季春常在、四季花常开，其美景犹如北国江南。在这如诗如画的美景中不但可以了解到许多世界领先农业科技知识，还可以尽情地品尝到园区特有的蔬菜、水果、鸵鸟肉、温水鱼等一系列绿色安全食品。小汤山农业园以其独特的人文景观、丰富的科技文化内涵吸引了众多海内外游客、其旅游业有着广阔发展前景。

## 第二节　民俗风情旅游模式

### 一、民俗风情旅游模式含义及类型

1. 民俗风情旅游模式的含义

民俗风情旅游模式是以农村风土人情、民俗文化为旅游吸引物，充分突出农耕文化、乡土文化和民俗文化特色，开发农耕展示、民间技艺、时令民俗、节庆活动、民间歌舞等旅游活动，增加乡村旅游的文化内涵。

2. 民俗风情旅游模式的主要类型

（1）农耕文化游。利用农耕技艺、农耕用具、农耕节气、农产品加工活动等，开展农业文化旅游。如新疆吐鲁番坎儿井民俗园。

（2）民俗文化游。利用居住民俗、服饰民俗、饮食民俗、礼仪民俗、节令民俗、游艺民俗等，开展民俗文化游。如山东日照任家台民俗村。

（3）乡土文化游。利用民俗歌舞、民间技艺、民间戏剧、民间表演等，开展乡土文化游。如湖南怀化荆坪古文化村。

（4）民族文化游。利用民族风俗、民族习惯、民族村落、民族歌舞、民族节日、民族宗教等，开展民族文化游。如西藏拉萨娘热民俗风情园。

## 二、民俗风情旅游模式典型案例

### 1. 坎儿井民俗园

坎儿井民俗园是距吐鲁番市中心仅 3km。民俗园包括坎儿井、坎儿井博物馆、民俗街、民居宾馆、葡萄园等，它将具有悠久历史的坎儿井和具有民族特色的庭院式民居宾馆融为一体，既能让人们参观有 400 多年历史的坎儿井及其历史发展过程，又能了解维吾尔族民俗情况，是当今中国最具民族特色的集参观、观赏、购物、度假为一体的旅游景点（图 2-4）。

走进民俗园，在品尝醇正的民族风味小吃的同时，还能欣赏到浓郁风情的维吾尔歌舞表演，步入坎儿井博物馆，可以通过最生动、最直观的方式，感受这凝聚着勤劳与智慧的人间奇迹。

### 2. 任家台民俗旅游度假村

任家台民俗旅游度假村地处美丽的海滨城市——山东省日照市山海天旅游度假区。任家台村位于日照东部，东临黄海，西依龙山，北临日照海滨国家森林公园，南依万平口海滨生态旅游区。三面环海，万顷碧波，松涛水韵，气候宜人。度假村风景秀丽，冬无严寒，夏无酷暑，年平均气温 12.6℃，是休闲度假、

图2－4　坎儿井民俗园

观光游览、消夏避暑的胜地。南距市区 12km，碧海路绕村通过与青岛路相连，交通便捷。海岸线长 3km，拥有海石园、黑松林、海水浴场、渔港码头等自然景观和人文景观（图 2－5）。

图2－5　任家台民俗旅游度假村

　　该村过去是一个以渔业为主的沿海渔村。2000 年以来，该村调整产业结构，任家台民俗旅游度假村抓住靠海近交通方便的优势，以日照市第三海水浴场为载体，发展滨海旅游业，投资改建了海水浴场，成立了民俗旅游度假村，推出了以"吃住在渔家、游乐在海上"为主题的渔家风情游，先后投资数百万元建成了供游客娱乐休息的民俗文化广场和大型停车场，度假村的旅游环境大有改观。经过几年的发展，任家台民俗旅游度假村已建设成为环境优美、整洁卫生、民风纯朴、安全舒适，集食、住、游、浴为一体的旅游专业村，可同时容纳 2 000 余人住宿。

任家台近海盛产各种鱼、虾、蟹、扇贝、贻贝，海螺、海参、鲍鱼等纯绿色海产品。螃蟹养殖规模居全省首位，有"螃蟹第一村"之美誉。任家台拥有渔港码头、冷藏厂、修造船厂、滩涂养殖场等企业，渔船 100 余艘；观光游轮、游艇推出的耕海牧渔等项目，备受游客青睐。

3. 拉萨市娘热度假村

拉萨市娘热度假村即娘热民俗风情园位于拉萨市北郊的娘热沟，距离市中心 6km，是拉萨市具有较高文化内涵的纯民俗景点。早在 4 500 年前就有藏族先民在此繁衍生息。公元 7 世纪，松赞干布在这里建造了 9 层高的沽喀玛如堡；桑普扎在此创造了藏文字；藏传佛教第一篇石刻嘛呢经（六字真言）就矗立在园内。

度假村总占地面积 5 万 m²，总投资 6 500 万元，集民族特色、观光旅游、休闲娱乐为一体。在这依傍起伏地势营造的 5 万 m² 的园子里，林木茂密，溪水潺潺，绿草茵茵，鸟声啁啾。古建遗存、文物展厅、牦牛帐篷、石木阁楼隐匿其间，风情园内建有民俗手工艺展销园、民俗风情园、林卡娱乐园、藏式客房、民俗藏餐厅等。到这里旅游可以参观藏式民居，里面摆放的是藏族群众以前用的器具，如农耕用具、酒坊、原始的榨油坊，还有藏式厨房和以前使用的藏式厨具。到这里，游客能体验到传统藏民族的生活，了解藏文化的发展历程。让游客体验不同的风俗习惯，增加了旅游文化内涵。

娘热乡村的民间歌舞及藏戏表演在拉萨地方非常有名。在娘热民俗风情园内您可以欣赏各种藏戏段子、神舞、朗玛、堆谐以及民间对歌等当地歌舞表演活动和参与篝火晚会（图2-6）。

图2-6  拉萨市娘热度假村

# 第三节  农家乐旅游模式

## 一、农家乐旅游模式含义及类型

### 1. 农家乐旅游模式的含义

农家乐旅游模式是指农民利用自家庭院、自己生产的农产品及周围的田园风光、自然景点，以低廉的价格吸引游客前来吃、住、玩、游、娱、购等旅游活动。

### 2. 农家乐旅游模式的主要类型

（1）农业观光农家乐。利用田园农业生产及农家生活等，吸引游客前来观光、休闲和体验。如四川成都龙泉驿红砂村农家乐、湖南益阳花乡农家乐。

（2）民俗文化农家乐。利用当地民俗文化，吸引游客前来观赏、娱乐、休闲。如贵州郎德上塞的民俗风情农家乐。

（3）民居型农家乐。利用当地古村落和民居住宅，吸引游客前来观光旅游。如广西阳朔特色民居农家乐。

（4）休闲娱乐农家乐。以优美的环境、齐全的设施，舒适的服务，为游客提供吃、住、玩等旅游活动。如四川成都碑县农科村农家乐。

（5）食宿接待农家乐。以舒适、卫生、安全的居住环境和可口的特色食品，吸引游客前来休闲旅游。如江西景德镇的农家旅馆、四川成都乡林酒店。

（6）农事参与农家乐。以农业生产活动和农业工艺技术，吸引游客前来休闲旅游。

**二、农家乐旅游模式典型案例**

1. 益阳花乡农家乐

益阳花乡农家乐旅游区位于湖南省益阳市赫山区会龙山街道仙蜂岭村，北临风景秀丽的资江，东靠气势恢宏的益阳火电厂，西接益阳城区，距市中心城区7km。该旅游区2002年评为国家A级旅游区，2004年评为首批全国农业旅游示范点和百姓喜爱的湖南百景之一（图2-7）。

目前，旅游区内有农家乐户20户，其中特色鲜明、享誉省内外的有杨梅山庄、李家庄、望江园、阳光山庄、江岸春、天然阁、长青园等景点。这里有古朴的民俗，皮影戏、地花鼓、花轿迎亲、舞龙耍狮等民俗文化使人赏心悦目；这里有纯朴的桃源遗风，路不拾遗、夜不闭门、热情好客、敬老尊贤、令人宾至如归；这里更有地道的农家传统饭菜，香气四溢的锅巴粥、酸甜可口的坛子菜、益肠健胃的杨梅酒，让游客一饱口福。

图 2-7　益阳花乡农家乐

2. 郫县农科村农家乐

农科村是川西平原上的一颗明珠，沐浴改革春风，以她特有的"吃农家饭、观农家景、住农家屋、享农家乐、购农家物"乡村旅游休闲方式，赢得了"鲜花盛开的村庄""没有围墙的公园"的美誉。在这里，家家种花卉苗木，户户搞农家旅游接待，餐饮、休闲、度假、娱乐项目齐全，或垂钓、或骑马、或唱卡拉OK、或品茗消闲、或棋牌娱乐、或漫步赏花，总能给人以返璞归真、回归自然之感。2008 年 3 月，农科村成功取得了"中国农家乐旅游发源地"的授牌，农科村正日渐成为成都市民乡村旅游的首选之地（图 2-8）。

主要景点包括天府农耕园、农家乐旅游发源地旅游文化展示厅、子云廊园、农科村盆景大道、农科村绿道骑游、中国农家乐第一家原址、问字亭、说唱俑、扬雄文化广场等。

农科村美食应有尽有，饱含本土特色，美味得让您恨不能连舌头也吞下去。有失传已久的转糖丁、十八村姑磨豆花、坝坝宴等。

图2-8　郫县农科村农家乐

特色产品包括如下。

（1）川派盆景。取材金弹子、六月雪、罗汉松、银杏、紫薇、贴梗海棠等，山水盆景以砂石片、钟乳石、砂积石等石材，山水盆景以气势宏伟取胜，体现了高、悬、陡、深的意境，典型地反映了巴山蜀水的自然风貌。

（2）树桩盆景。取材于深山老林百年以上的古树桩头，经艺术加工而成。其风格各异、姿态万千，与川西本土的乔、灌、花、草、藤等植物配置，形成多种群的植物相依相融、和谐生存的自然生态环境。

# 第四节　村落乡镇旅游模式

## 一、村落乡镇旅游模式含义及类型

### 1. 村落乡镇旅游模式的含义

村落乡镇旅游模式是以古村镇宅院建筑和新农村格局为旅游

吸引物，开发观光旅游。

2. 村落乡镇旅游模式的主要类型

（1）古民居和古宅院游。大多数是利用明、清两代村镇建筑来发展观光旅游。如山西王家大院和乔家大院、福建闽南土楼。

（2）民族村寨游。利用民族特色的村寨发展观光旅游，如云南瑞丽傣族自然村、红河哈尼族民俗村。

（3）古镇建筑游。利用古镇房屋建筑、民居、街道、店铺、古寺庙、园林来发展观光旅游，如山西平遥、云南丽江、浙江南浔、安徽徽州镇。

（4）新村风貌游。利用现代农村建筑、民居庭院、街道格局、村庄绿化、工农企业来发展观光旅游。如北京韩村河、江苏华西村、河南南街。

**二、村落乡镇旅游模式典型案例**

1. 福建闽南土楼

塔下村地处永定土楼、南靖土楼的中心点，是山中水乡、温馨家园、人称闽南周庄，又是国家级历史文化名村。塔下村是土楼旅游住宿首选之地（图2-9）。

此外，由华安县二宜楼、南阳楼、东阳楼组成的大地土楼群，是列入《世界文化遗产名录》的福建土楼重要组成部分。通过土楼旅游开发，华安县引导旅游景区周边群众纷纷开设农家餐馆、农家商店和农家旅馆，大力开发"农家乐"，向游客出售各种农家产品，如土楼模型、旅游茶具、风景圆盘等具有地方特色的旅游纪念品，华安铁观音茶叶、华安玉、坪山柚、竹凉席等特色旅游商品。而且随着道路基础设施的不断完善，海内外许多游客纷至沓来，迅速推动旅游相关产业的全面发展。

**图 2 - 9　福建闽南土楼**

## 2. 山西平遥六合村

六合村坐落于距平遥县城 15km 的麓台山南麓，生态资源丰富，拥有大片的果树林，古庙、古院、古树保存的也不错。依托本土资源，六合村积极响应国家政策，对古寺庙、古民居进行维修保护，改善村内道路设施，正积极准备申报省级历史文化名村。下一步再按规划投资开发，目标是用 3 ~ 5 年时间把这里建成一个集观光、采摘于一体的乡村旅游休闲度假村（图 2 - 10）。

六合村只是平遥县乡村旅游开发热现象的缩影。和六合村一样，利用当地自然、生态和人文资源，积极准备发展乡村旅游的村子，平遥县目前有 20 多个。对于悄然涌动的乡村旅游开发热，平遥县政府一名官员表示，县里将结合社会主义新农村建设，搞好全县乡村旅游发展规划，发展集观光、体验、休闲、度假为一体的复合型乡村旅游。

## 3. 云南丽江木家桥

由丽江蛇山乡村旅游开发有限公司计划投资 250 万元的"丽江木家桥乡村旅游项目"已于近日启动。主要目标是通过对古城

**图2-10　山西平遥六合村**

区金山乡漾西村委会木家桥村的历史文化资源进行保护和发掘，以修建博物馆和接待设施、成立乡村旅游合作社等方式，与当地村民合作开发漾弓江峡谷和西关遗址，带动村民发展旅游业，增加经济收入（图2-11）。

**图2-11　云南丽江木家桥**

这个项目的主要内容有：在"丽江人遗址"旁修建"丽江人博物馆"，展示有关"丽江人"的科学知识，展示丽江盆地的变迁历史；修建"木氏祠堂"和"李京纪念亭"，增加文化设施；在漾弓江峡谷开发以"智人谷"命名的旅游设施，包括漂流、索桥、溜索、水磨房、溶洞，增加可游性；在邱塘山上恢复"觉显复第塔"，保护明代古关西关，开发茶马古道体验游；在西关西侧的拉罗村设置"丽江鹰猎协会"狩猎基地，发展生态养殖业和特色康体娱乐和餐饮业；开发观光农业项目，开展农耕体验活动等。

# 第五节　休闲度假旅游模式

## 一、休闲度假旅游模式含义及类型

### 1. 休闲度假旅游模式的含义

休闲度假旅游模式是指依托自然优美的乡野风景、舒适怡人的清新气候、独特的地热温泉、环保生态的绿色空间，结合周围的田园景观和民俗文化，兴建一些休闲、娱乐设施，为游客提供休憩、度假、娱乐、餐饮、健身等服务。

### 2. 休闲度假旅游模式的主要类型

（1）休闲度假村。以山水、森林、温泉为依托，以齐全、高档的设施和优质的服务，为游客提供休闲、度假旅游。如广东梅州雁南飞茶田度假村。

（2）休闲农庄。以优越的自然环境、独特的田园景观、丰富的农业产品、优惠的餐饮和住宿，为游客提供休闲、观光旅游。如湖北武汉谦森岛庄园。

（3）乡村酒店。以餐饮、住宿为主，配合周围自然景观和人文景观，为游客提供休闲旅游。如成都西御园乡村酒店。

**二、休闲度假旅游模式典型案例**

1. 雁南飞茶田度假村

雁南飞茶田度假村位于叶剑英元帅的故乡——广东省梅州市梅县区雁洋镇，为粤东第一家 AAAA 级旅游景区，现已升级为 5A 级旅游景区。由广东宝丽华集团公司于 1995 年 1 月投资开发。占地总面积 4.50km²，1997 年 10 月 8 日对外营业。度假村背靠阴那山省级风景名胜区，是一个融茶叶生产、生态公益林改造、园林绿化、旅游观光、度假于一体的生态农业示范基地和旅游度假村。先后荣获国家 5A 级旅游景区、全国农业旅游示范点、全国三高农业标准化示范区、全国青年文明号。围龙大酒店建筑工艺精湛，2005 年荣获建设部授予的"鲁班奖"（图 2-12）。

**图 2-12　雁南飞茶田度假村**

雁南飞茶田以高效农业与优美景色旅游相结合，成为风景优美的高效农业园区。多年来，党和国家领导人李岚清、邹家华、叶选平、李长春、张德江等先后亲临雁南飞茶田视察，对雁南飞茶田农业与旅游相结合的经营模式给予高度评价。

雁南飞茶田依托优越的自然生态资源和标准化种植的茶田，

以珍爱自然、融于自然的生态为理念和"精益求精""人文关怀"的企业文化，树立了"雁南飞"名牌精品。赏心悦目的自然环境和园林艺术、气势雄伟的围龙大酒店、华贵典雅的围龙食府、多功能会议厅、古朴的桥溪民俗村等完整的旅游及商务配套设施，温馨宜人的服务，让游客在青山绿水之间品尝制作精致的美味付佳肴和醇厚甘香的雁南飞系列茗茶。寄情山水，传承文明，为海内外游客提供一个完美的绿色的文化艺术之旅。

2. 华中园乡村商务会所

华中园乡村商务会所坐落于京郊顺义县马坡乡，四周围绕着四季常绿的高尔夫球场，典雅精致的别墅错落有致，花园式的园林别具匠心，漫步其中，使人感到特别的清爽、宜人。复式别墅内有 7~8 个标准间，卫星电视，独立卫生间，24 小时热水，楼下的会客厅宽敞整洁，内有麻将桌，亲友们聚会的时候自然少不了这传统的项目。整个别墅既有相对独立的场所，又有共同的空间，您会感到十分的合理、舒适。会所内拥有完备的娱乐设施，并有会议厅、报告厅能接待各种形式的大、中、小型的会议（图2 – 13）。

图 2 – 13　华中园乡村商务会所

## 第六节 科普教育旅游模式

### 一、科普教育旅游模式含义及类型

1. 科普教育旅游模式的含义

科普教育旅游模式是利用农业观光园、农业科技生态园、农业产品展览馆、农业博览园或博物馆，为游客提供了解农业历史、学习农业技术、增长农业知识的旅游活动。

2. 科普教育旅游模式的主要类型

（1）农业科技教育基地。是在农业科研基地的基础上，利用科研设施作景点，以高新农业技术为教材，向农业工作者和中、小学生进农业技术教育，形成集农业生产、科技示范、科研教育为一体的新型科教农业园。如北京昌平区小汤山现代农业科技园、陕西杨凌全国农业科技农业观光园。

（2）观光休闲教育农业园。利用当地农业园区的资源环境，现代农业设施、农业经营活动、农业生产过程、优质农产品等，开展农业观光、参与体验、DIY 教育活动。如广东高明蔼雯教育农庄。

（3）少儿教育农业基地。利用当地农业种植、畜牧、饲养、农耕文化、农业技术等，让中、小学生参与休闲农业活动，接受农业技术知识的教育。

（4）农业博览园。利用当地农业技术、农业生产过程、农业产品、农业文化进行展示，让游客参观。如沈阳市农业博览园、山东寿光生态农业博览园。

## 二、科普教育旅游模式典型案例

### 1. 广东高明蔼雯教育农庄

广东高明蔼雯教育农庄位于明城镇鹿洞山脚，是一个集教育、旅游、休闲、度假为一体的农庄。四周山青水秀，空气清新。农庄有一个500多亩的寓教于乐的青少年学习基地，让青少年亲密接触大自然，领略生态平衡的重要以及学习有关环境保护的知识（图2-14）。

图2-14　广东高明蔼雯教育农庄

农庄背面就是满目青翠的高明古八景之一——鹿洞山，传说古时南粤王赵陀外出游猎，追赶一头白鹿来到这里，白鹿机灵无比，迅捷地躲藏于密林深处，消失得无影无踪，此山因此得名鹿洞山。蔼雯农庄的设计与鹿洞山的景致非常的和谐完美。庄园建设就地取材，利用山里开发出来各种石头，砌成独具风格的围墙、石梯、路面、护土墙，并建造了高级会所、露营小屋、度假屋、仿泰旅吊脚楼等。

2. 沈阳三农博览园

沈阳三农博览园坐落于辽宁省新民市大柳屯镇南部，距新民市区 15km，距沈阳市区 75km，始建于 1997 年（图 2 – 15）。

图 2 – 15　沈阳三农博览园

沈阳三农博览园以"三农"为主体，浓缩百年农史；民族文化、民俗文化相融合，以文化为灵魂，将以三农百年史诗、民族文化博览，农业科学实践为亮点，人文景观与自然景观相结合的旅游区，是全国农业旅游示范点，国家 AAAA 级旅游景区，正式通过国际标准科技、环保认证，辽宁省政府命名为现代农业园区、沈阳市中小学生农业实践基地，被誉为收藏中心，展览中心、教育中心，生态景观与展馆共荣的塞北第一园。

沈阳三农博览园中的展览馆包括如下内容。

（1）历史文化类。帝王兴衰馆、西藏文化艺术馆、古旧钟表馆（千余件中外古旧钟表）、辽金陶瓷艺术馆、江官屯窑址出土文物馆、红镜头—一代伟人毛泽东图片展、抗日战争资料馆、知青馆。

（2）民俗文化类。书法摄影绘画馆（新民获奖作品）、五谷艺术馆（种子粘贴画百余幅）、二人转馆（民萃馆）、百年服饰馆（新中国成立前后至清末各种服饰）、农史资料馆（藏有3 000余件农民百年用的生产工具和生活用品）、民俗风情馆（寻根觅祖、关东风情、人生礼仪、节日习俗）、农村匠人馆、手工艺品馆（从全国搜集的民间手工艺精品）、民间剪纸馆（全国搜集千余件真品）、灯会艺术馆、油塑工艺品馆（高浓缩油雕塑，世界唯一）。

（3）京剧艺术类。京剧一馆（京剧普及教育）、京剧二馆（名家名段）。全国首创，全国最大。

（4）科技文化类。科技智慧馆（A、B）、珍稀动物标本馆、太岁馆（子母太岁）、飞碟馆、古生物化石馆（朝阳出土真品）、锁文化馆（700余件形态各异的锁。古今大全，启迪智慧）。

（5）现代人物类。人民作家马加馆、军旅作家杨大群馆、评剧表演艺术家花淑兰冯玉萍师徒馆、全国劳动模范李素文馆、歌仙刘三姐馆、王三哥王三嫂馆。

# 第七节　回归自然旅游模式

## 一、回归自然旅游模式含义及类型

### 1. 回归自然旅游模式的含义

回归自然旅游模式是利用农村优美的自然景观、奇异的山水、绿色森林、静荡的湖水、发展观山、赏景、登山、森林浴、滑雪、滑水等旅游活动，让游客感悟大自然、亲近大自然、回归大自然。

### 2. 回归自然旅游模式的主要类型

（1）森林公园。以大面积人工林或天然林为主体而建设的公园。森林公园是一个综合体，它具有建筑、疗养、林木经营等多种功能，同时，也是一种以保护为前提利用森林的多种功能为人们提供各种形式的旅游服务的可进行科学文化活动的经营管理区域。如上海东平国家森林公园。

（2）湿地公园。是指以水为主题的公园。以湿地良好生态环境和多样化湿地景观资源为基础，以湿地的科普宣教、湿地功能利用、弘扬湿地文化等为主题，并建有一定规模的旅游休闲设施，可供人们旅游观光、休闲娱乐的生态型主题公园。如浙江省衢州市莲花月牙儿湿地公园。

（3）水上乐园。水上乐园是一处大型旅游场地，是主题公园的其中一种，多数娱乐设施与水有关，属于娱乐性的人工旅游景点。有游泳池，人工冲浪，水上橡皮筏等。

（4）露宿营地。露营地就是具有一定自然风光的，可供人们使用自备露营设施如帐篷、房车或营地租借的小木屋、移动别墅、房车等外出旅行短时间或长时间居住、生活，配有运动游乐设备并安排有娱乐活动、演出节目的具有公共服务设施，占有一定面积，安全性有保障的娱乐休闲小型社区。

（5）自然保护区。不管保护区的类型如何，其总体要求是以保护为主，在不影响保护的前提下，把科学研究、教育、生产和旅游等活动有机地结合起来，使它的生态、社会和经济效益都得到充分展示。

## 二、回归自然旅游模式典型案例

### 1. 东平国家森林公园

东平国家森林公园位于中国第三大岛崇明岛的中北部，距县城（南门港）12km，总面积为5 400亩，是华东地区已形成的最大的平原人工森林，上海著名旅游胜地，国家4A级旅游景区，全国农业旅游示范点。其前身是东平林场，1993年建成国家级森林公园，1997 年被评为上海十佳旅游休闲新景点（图 2 - 16）。

**图 2 - 16  东平国家森林公园**

东平国家森林公园资源包括如下。

（1）植物资源。森林公园植物资源丰富，有乔灌木、藤本类、水生植物、陆上野生植物近千种，其中，仅药用植物就有 100 多种。园中林木以水杉、柳杉、白杨、刺杉、棕榈、刺槐、连树、银杏、香樟为主。其中素有"活化石"之称的水杉，高大挺拔、树形优美、种群庞大，为公园的主要树种，几乎遍布了公园的每一个角落。由于水杉树极少病虫害，因此，游人在树下行走、散步，感觉十分舒适、清爽。

（2）动物资源。公园内野生动物资源也极为丰富。有蛙、蛇、獭、兔等几十种爬行类、两栖类、哺乳类动物，更有近 160 种候鸟、留鸟栖息于丛林中，特别是白鹭、灰鹭、中华白鹭等鹭鸟种群规模庞大，更有凶猛的鹰、隼等时常出没。公园总面积 358hm²，是中国华东地区最大的平原人造森林，也是上海规模最大的森林公园。

（3）项目设施。主要旅游服务设施有造型别致的"蟹"房式多功能休闲游客中心、500m² 的水上游乐园、具有崇明特色风味菜肴的森林酒家、野外帐篷、森林吊床、2 万 m² 的沙滩游泳场、青少年野营基地。特色项目有草上飞——森林滑草、岩上芭蕾——攀岩、森林高尔夫练球场、网球场、沙滩排球场、森林滑索、彩弹射击、天旋地转、森林骑马、快乐林卡丁车、野外烧烤、森林日光浴、森林童话园以及增强团队协作精神的森林定向活动等。

### 2. 莲花月牙儿湿地公园

莲花月牙儿湿地公园位于浙江省衢州市衢江区莲花镇莲花村、五坦村、西山下村、古楼底村、园里村、秧田畈村和庙垄村合围之间，总面积约 9km²，分为湿地公园中心区和湿地资源保护区两部分，在中心区内设芝溪江滨花园、游客接待中心、娱乐休闲中心、水上休闲娱乐中心，在保护区内建农家乐采摘园区、野营娱乐场和白鹭栖息地观光园区。同时，在湿地公园景区以外开辟莲花镇旅游观光景点：宋代古石桥——万安桥景点、宋代赵汴墓景点、后汉佛教名寺大乘寺景点、塘台山千年姊妹桂花王景点、大金山景点、莲花寺景点、乌石山景点、黄氏祠堂景点等等（图 2-17）。

莲花月牙儿湿地公园景区地理优越环境秀美。一道月牙儿丘陵山脉突兀于湿地公园西南面是一道天然的倚仗。郁郁葱葱的茂密森林装扮成了奇特的风景线。四季常青的针叶林和阔叶林引来数万只白鹭的栖息和繁衍。山坳间莲花湖数百亩水面是白鹭、野鸭们的天然娱乐场。在月牙儿山脉与古老芝溪的合抱间便是那十里平畴，现代化的集镇新貌把整个莲花月牙儿湿地公园映衬得更加美丽。山，水，田，林，路，屋舍，村庄俨然有致，构成了一幅大自然美丽和谐的画图。在莲花镇的版图上各类名胜古迹比比皆是。东面 2km 有著名的抗金名将，一代清官赵汴墓；东北10km，有后汉佛教圣地大乘寺，千年姊妹桂花香飘十里；古老

**图 2 - 17    莲花月牙儿湿地公园**

的芝溪上横卧着宋代古石桥——万安桥；东北 5km 有著名的大
金山；岳飞路、莲花寺、乌石山等古老遗迹耐人追寻。莲花畈星
罗棋布的西瓜园、葡萄园、草莓园，让人羡慕不已；桃树林、柿
子林，还有那无边无际的柑橘令人留恋，勾画了一个硕大的四季
瓜果园；数十万羽麻鸭和药王山鸡野外养殖场，可让人领略现代
庄园捕猎的无限乐趣。莲花人杰地灵，社会和谐。

【拓展阅读】

## 旅游 + 农业：休闲农业十大创意模式

1. 花卉 + 婚庆产业 = 世界爱谷

产业依托：花卉种植产业。

规模要求：100 亩至上万亩不等，根据不同规模进行不同
设计。

项目定位：世界爱谷·一生一世走世界。

客群市场：婚庆主题、花卉观光休闲等150km以内的市场。

创意内容：花卉产业在旅游开发上一般要与婚庆产业进行结合，打造花卉婚庆产业园区，以各种芳香、观赏和经济花卉种植为底色，形成七彩浪漫童话花海，种植本身可以形成大地景观成为靓丽的风景线。

主要赢利点：花卉种植、销售、鲜切花；花卉深加工、延伸品；婚纱摄影、婚礼举办、婚礼餐厅、婚礼蜜月洞房；花卉养生、保健、美容等。

发展愿景：每一个区域的中心城市都应该建设一个世界爱谷特色花卉婚庆游憩综合体项目。

2. 苗木＋休闲娱乐＝美丽中国生态城

产业依托：苗木种植产业。

规模要求：500亩至上万亩不等，根据不同规模进行不同设计。

项目定位：美丽中国生态城·创意化绿化美化情景样板间。

客群市场：花卉苗木休闲度假产业。

创意内容：苗木产业也是在农业旅游规划中经常碰到的资源类型，尤其是在国家大力推进生态文明建设的当下，苗木产业由于其高附加值和经济效益，在当下的广大乡村已经成为重要的产业升级选择，苗木花卉产业本身就具备旅游观赏和开发价值，但是由于规模和数量增加，花卉苗木产业发展已经进入了白热化竞争。

在苗木种植的时候可以按照城市、小镇、村庄、公园、道路、庭院的空间绿化美化景观效果进行景观苗木搭配种植展示，形成绿化美化样板间效果，提升苗木产业的销售；在情景化的样板间之中，进一步融入适合儿童、情侣、亲子、运动、游乐的各种旅游项目，形成整合化发展效果。

主要赢利点：苗木种植、销售；运动、游乐、亲子等。

发展愿景：在中国大地上的每一个国家级的苗木产业基地都应该构筑一个美丽中国生态城项目.

**3. 林业+游乐项目=树上穿越游乐公园**

**产业依托：** 林业种植产业。

**规模要求：** 200亩至上万亩不等，根据不同规模进行不同设计，本项目主要是针对经济林以外的林业资源。

**项目定位：** 树上穿越·创意游憩森林公园。

**客群市场：** 森林游乐游憩客群市场。

**创意内容：** 针对林业资源，创建"树上穿越游憩公园""树顶木屋、树中穿越、林下游憩"的三维空间开发理念，即依托树冠可以开发树顶温泉SPA、树顶度假木屋、树顶休闲书吧、树顶瑜伽健身台、树顶观光餐厅等项目，将观光与休闲度假项目进行整合发展；树中依托树干通过空中吊桥、藤索、栈道和各种拓展运动结合，打造适合儿童、团队的拓展训练项目；树下利用陆地空间打造度假帐篷营地、森林氧吧、林下采摘等项目。

**主要赢利点：** 游乐、运动、度假、养生、林下经济等。

**发展愿景：** 在中国广大的林业资源广袤的地区，一定要做好对现有资源的利用整合，让森林除了生态一处价值外产生更大的经济价值。

**4. 牧场+牧场生活体验=勇士狩猎乐园**

**产业依托：** 畜牧家禽养殖产业。

**规模要求：** 养殖产业需具备一定的规模，或者是依托草原、荒地、山林的养殖产业，或者养殖场周边有可利用的空地资源。

**项目定位：** 勇士狩猎公园·回归大自然最真实的体验。

**客群市场：** 特色畜牧产品美食和体验游乐。

**创意内容：** 这里所指的牧场不仅仅局限于真正的草原牧场，而是指所有具备一定规模的养殖基地，养殖产业本身就是农业产业一个重要的组成部分，针对于类似资源依托的项目，要充分释放人类对于动物的天然感情，除去要对养殖技术、环境和品质进行稳步提升外，如果可以有可以依托空地资源的话，我们提出建立一个勇士狩猎乐园，该狩猎不等同于传统狩猎，而是让游客赤手空拳去抓我们特意放养的各种特色动物、去捡散养的鸡鸭鹅下的蛋、去挖山地野菜等等，而且游客获得的动物蔬菜，一方面可以就地交由餐厅进行定制化烹饪，就地享受美食；另外一方面还可以定制化包装成具备自己创意的特色旅游纪念品。

主要赢利点：养殖、延伸加工、特色美食、体验狩猎等。

发展愿景：人类最初的本性就是在于善于从自然界中获取各种生活必需品，此类项目一方面可以丰富养殖产业盈利模式；另外一方面也可以提升畜牧产品的价值和品牌知名度。

5. 果业＋创意体验设计＝创意瓜果王国

产业依托：水果种植产业。

规模要求：一般是在知名的水果产地，水果自身的采摘农业旅游基本已经形成市场知名度。

项目定位：创意瓜果王国·让瓜果旅游更上一层楼。

客群市场：水果采摘近郊休闲游憩市场。

创意内容：一方面做好瓜果采摘观光等传统的旅游发展模式，丰富瓜果种植品种，提升瓜果种植技术，引入现代科技大棚实现一年四季、不同地带的瓜果采摘游乐；另外一方面将瓜果进行创意化设计，形成以瓜果果实、果树、花朵及其吉祥寓意为原型的各种创意性景观、休闲空间、动漫体验项目，例如，可以打造苹果创意小镇，在苹果采摘园中，有苹果小屋、苹果城堡、苹果乐园、苹果垃圾桶、苹果路灯、苹果休闲座椅等等，甚至其中的服务人员也都打扮成苹果形态，游客在用餐的进程中所使用的餐具、座椅、房间的包装打造也将苹果的元素运用到极致。

所谓创意瓜果王国，其实就是将一个地方最突出的瓜果进行极致化的创意打造，让游客实现全感官的游憩体验，进而成为地方特色瓜果的展示窗口，推动瓜果产业的进一步优化发展。

主要赢利点：瓜果种植、休闲采摘、创意游乐、特色度假等。

发展愿景：每一个地方都有自己引以为傲的瓜果产品。

6. 鱼业＋多元化渔乐体验＝百渔乐园

产业依托：水产养殖产业。

规模要求：一般依托特色的水产养殖基地。

项目定位：百渔乐园·虾兵蟹将王国。

客群市场：休闲鱼乐市场。

创意内容：百渔乐园·虾兵蟹将王国，是指要丰富水产养殖品种的多元化，特别是用作旅游开发部分，其次要丰富体验游乐方式多元化，在传统的垂钓的基础上，引入摸鱼、掏螃蟹、钓青蛙、抓大虾、粘知了等各种娱乐方式，将鱼的各种玩法（钓鱼、抓鱼、网鱼、摸鱼、打鱼）做到极致，同时，引入相关联其他乡土游乐方式，整个构筑一个乡土田园游乐游憩方式综合体。

在做好各种游乐方式的的同时，将各种水产养殖产品进行创意化设计的发展思路，将鱼、虾、蟹、蛙、贝等进行象形设计，设计成为各种小屋、休闲座椅、景观设施、生活用具，真正的让您进入水产养殖的王国。

主要赢利点：水产养殖、渔乐体验、特色餐饮、特色度假等。

发展愿景：在每一个水产养殖产业发展比较突出的区域，都应该形成自己的一个休闲游憩体验部落，既可以丰富水产养殖的收益来源，又可以进一步扩大和提升水产养殖的知名度和影响力。

7. 大田＋创意景观种植＝大地景观

产业依托：大田种植。

规模要求：一般是依托大面积的农业种植区域，专门开辟出一块区域通过创意化种植构筑。

项目定位：大地景观·大田也可这样玩。

客群市场：农业观光体验。

创意内容：大田种植一般是作为乡村旅游开发的重要景观底色出现的，在当下国家进一步加强对基本农田管控的形势下，如何提升大田种植的景观效果，也是时下农业资源开发的重要问题。

针对于这种资源，一般的解决方式就是通过创意化设计打造大地种植景观，即可以将区域内最具特色的吉祥寓意或者最具地域特色的形态通过不同色彩的作物种植进行展示，建设至高观景平台让游客观赏。

发展愿景：中国广袤的田园应该成为承载和展示地域特色文化的窗口，以旅游为画笔在广袤田园上绘画出五彩斑斓的大地景观。

8. 民俗技艺+情景化体验设计=梦回十八坊

产业依托：传统民俗技艺、劳作方式。

规模要求：作为单独的项目10~50亩皆可以。

项目定位：十八坊·步入即梦回千年。

客群市场：民俗文化、传统技艺文化体验。

创意内容：每一个乡村旅游发展地区，在其漫长的发展历史中都会形成具备地域特色的民俗技艺、耕作方式和传统工坊，这正是乡村地域文化的经典所在也是其独特吸引力所在。

整理出每个地域最具特色的传统劳作作坊，在一个区域进行场景化的再现，包括作坊内部摆设、工具、工艺流程，都要进行场景化、情景化的再现，游客既可以观看传统的劳作方式，又可以亲身参与其中体验劳作方式，例如，酒坊、油坊、磨坊、染坊等。

主要赢利点：参与体验、手工纪念品销售等。

发展愿景：传统技艺的保护不应该只是通过静态化的博物馆展示来实现，十八坊项目的出现将成为传承乡村传统文化的重要方式。

9. 新农村建设＋街道庭院生态廊道设计＋五谷杂粮创意化设计＝美丽乡村发展模式

产业依托：美丽乡村建设。

规模要求：在100户以下的居民聚集区，同时，具备一定地域文化特色的相对传统村落。

项目定位：真正的美丽乡村·乡愁的体验地。

客群市场：民俗近郊休闲体验客群。

创意内容：让居民望得见山、看得见水、记得住乡愁是党和国家对未来的美丽乡村建设提出的重要指示。美丽乡村的建设过程中要深挖掘地域的农业产业特色、地域文化特色、传统技艺特色和人民生活习俗特色，在村庄道路景观的美化设计上以地域的特色果树、蔬菜和花卉作为景观绿化植被，并形成生态景观廊道供居民日常话家常；在居民庭院绿化美化的同时要结合庭院经济进行打造，形成葡萄小院、丝瓜小院、盆景小院、农耕小院等特色化的主题院落；在村庄景观打造上要将五谷杂粮的果实作为重要的景观设计来源，各种棒子、大蒜、辣椒、柿子、大枣等农作物串成的辫子是重要的景观设计元素；在文化生活设计上要挖掘整理地域的传统戏曲、舞蹈、民俗技艺等进行传统发展。

主要赢利点：特色餐饮、民俗体验、民宿接待等。

发展愿景：美丽乡村的建设落脚点还是在乡村，如何真正的将乡村的特色挖掘打造出来是旅游导向的美丽乡村建设的重点所在，期待未来的中国大地上美丽乡村的发展真正实现"一村一品"。

10. 田园养生＋度假模式＝主题休闲度假庄园

产业依托：田园风光和具有疗养保健价值农业产业发展

区域。

规模要求：根据规模大小进行相应的特色设计，可以打造精品度假庄园还可以打造田园疗养度假小镇亦可以打造田园养生国际漫城。

项目定位：庄园人生·掀起都市居民的生活革命。

客群市场：田园度假客群市场。

创意内容：依托各种特色化农业种植产业的地区，如葡萄、中草药、蓝莓等具备养生价值的农业资源，挖掘其养生保健疗养作用，挖掘地域内的美食、文化、特色运动娱乐等方式，打造以特色度假生活为主的综合体项目。

目前，比较突出的主题度假庄园有葡萄酒庄、中药养生庄园、蓝莓庄园、温泉庄园、享老庄园、香草庄园、企业农庄和艺术庄园等等。度假庄园可以结合现有的特色农村进行整体改造升级，同时也可以通过特色化的建筑景观设计来实现。

主要赢利点：度假地产、特色餐饮、休闲娱乐、产业加工等。

发展愿景：庄园将成为未来都市人逃离城市生活的首选目的地，未来度假庄园将可以成为引领乡村旅游升级发展的重要拳头产品。

# 第三章　休闲农业与乡村旅游的资源

## 第一节　休闲农业与乡村旅游的关系

### 一、乡村旅游概述

#### 1. 乡村旅游的含义

乡村旅游是以具有乡村性的自然和人文客体为旅游吸引物，依托农村区域的优美景观、自然环境、建筑和文化等资源，在传统农村休闲游和农业体验游的基础上，拓展开发会务度假、休闲娱乐等项目的新兴旅游方式。近年来，随着人们休憩时间的增加、生活水平的提高和思想观念的转变，乡村旅游越来越受到城市居民和游客的青睐。

目前，国内外学术界对乡村旅游还没有完全统一的定义，主要有以下观点。

①西班牙学者 Gilbert and Tung（1990）认为：乡村旅游（Rural tourism）就是农户为旅游者提供食宿等条件，使其在农场、牧场等典型的乡村环境中从事各种休闲活动的一种旅游形式。

世界经济合作与发展委员会（OECD，1994，P. 15）定义为：在乡村开展的旅游，田园风味（rurality）是乡村旅游的中心和独特的卖点。

②以色列的 Arie Reichel 与 Oded Lowengart 和美国的 Ady

Milman（1999）简明扼要地说：乡村旅游就是位于农村区域的旅游。具有农村区域的特性，如旅游企业规模要小、区域要开阔和具有可持续发展性等特点。

③英国的 Bramwell and Lane（1994）认为：乡村旅游不仅是基于农业的旅游活动，而是一个多层面的旅游活动，它除了包括基于农业的假日旅游外，还包括特殊兴趣的自然旅游，生态旅游，在假日步行、登山和骑马等活动，探险、运动和健康旅游，打猎和钓鱼，教育性的旅游，文化与传统旅游以及一些区域的民俗旅游活动。

国内有关乡村旅游的定义较多，何景明和李立华认为狭义的乡村旅游是指在乡村地区，以具有乡村性的自然和人文客体为旅游吸引物的旅游活动。乡村旅游的概念包含了 2 个方面：一是发生在乡村地区；二是以乡村性作为旅游吸引物，两者缺一不可。

2. 对乡村旅游的认识

要把握乡村旅游的概念和内涵，应充分认识到以下几点。

①从地理角度来看，乡村是与都市相对的一个空间概念，它指的是从事农业生产为主的劳动人民所住的地方。

②乡村旅游资源是指存在于乡村的资源。它包括乡野风光等自然旅游资源，还包括乡村建筑、乡村聚落、乡村民俗、农事活动等人文旅游资源以及乡村社会文化等无形的旅游资源。

③乡村旅游有别于农业旅游，前者是按旅游的地域空间来分的一种旅游形式，后者是按旅游对象来分的一种旅游形式。

④要区分乡村旅游与民俗旅游之间的关系。民俗旅游指的是以特定民族的传统风俗为资源加以保护开发的旅游产品。两者含有公共部分——乡村民俗旅游的关系。

⑤乡村旅游不仅能观光游览，亦可度假休闲，游客还能亲自参与体验农家生活与生产以及购买时新农产品和其他土特产品。

⑥乡村旅游的特色是乡土性，其目标是生存环境与乡村有较

大差异的城市居民。

## 二、休闲农业与乡村旅游的关系

休闲农业与乡村旅游两者可以独立存在，亦可以包容并举，具有区别和联系。

### 1. 休闲农业与乡村旅游的区别

休闲农业与乡村旅游有着明显的差别。休闲农业强调的是农业与旅游业产业活动的同步性，乡村旅游强调的是旅游产业活动与乡村人文属性与自然环境之间的关联性。

应当说明的是，刻意去区分休闲农业与乡村旅游的界限本身意义并不大，因为，在很多时候两者都是放在一起并用或联用的。如农业部和国家旅游局共同主办的"中国休闲农业网"，又名"中国乡村旅游网"，农业部和国家旅游局还在 2010 年、2011 年、2012 年、2013 年、2014 年、2015 年、2016 年连续 7 年启动了全国休闲农业与乡村旅游示范县、示范点的创建评比工作，极大地促进了我国休闲农业与乡村旅游事业的发展。本书中若未作特别说明，也是将休闲农业与乡村旅游放在一起联用的。正因为如此，我们也可以把休闲农业和乡村旅游简明扼要地归纳为"围绕农业生产过程、农民劳动生活和农村风情风貌，经过科学规划和开发，为公众提供休闲观光、体验娱乐、度假教育，椎广示范等多种服务为一体的新型农业产业形态"。

### 2. 休闲农业与乡村旅游的联系

两者在范围上有着一定的重合。休闲农业的基本属性是以充分开发具有观光、旅游价值的农业资源和农业产品为前提，把农业生产、科技应用、艺术加工和游客观光、求知、参与农事活动等融为一体，供游客领略在其他风景名胜地欣赏不到的大自然浓厚意趣和现代化的新型农业艺术。可见，休闲农业是农业和旅游业交叉结合产生的一种农业生产经营形态，是农业的衍生品，离开了农业，休闲农业便无从谈起。而乡村旅游更加强调空间维度的地域观念，它将整个乡村地域系统作为开发对象，主要是以具有典型乡村景观意象的聚落、建筑、环境，乃至非物质性的乡村民俗风情等为旅游吸引物。

## 第二节　休闲农业与乡村旅游的特征和功能

### 一、休闲农业与乡村旅游的特征

#### 1. 休闲农业与乡村旅游的资源来自农业资源

自古以来，农业资源运用于农业生产，供给人们基本生活所需。但随着农业功能的拓展，农业不仅具有食品保障功能，而且具有原料供给、就业增收、生态保护、观光休闲、文化传承等功能。农业的环境与资源特质，为休闲农业活动的开展提供了最适当的来源。这里所说的农业资源，是指所有能够投入休闲农业活动的农业生产、农民生活、农村生态等要素的"三生"资源。

#### 2. 休闲农业与乡村旅游的产业形态跨越一、二、三产业

传统的农林渔牧业的生产称为第一产业，农产品加工业为第二产业，服务业则属于第三产业。休闲农业以农业生产为基础，为游客提供消费与体验活动，同时，也将初级产品通过创意加工制造提升其附加价值，最后以旅游业的理念与方法将为游客提供全方位的服务。因此，休闲农业是农业生产、农产品加工和服务业三级产业相结合的农业产业形态。

#### 3. 休闲农业与乡村旅游体现人与自然的和谐性

休闲农业与乡村旅游发生在乡村地区或者通过规划设计的农村田园景观，自然优美的乡野风景、舒适宜人的清新气候，是城市人回归自然、感受自然、融合自然的好去处。其本质是人们以宽松的心态，通过乡村休闲来领悟人类与自然和谐相处的一种生

活方式。

### 4. 休闲农业与乡村旅游具有较强的参与性

休闲农业与乡村旅游除了观赏欣赏农村田园风光以外，还要为游客提供实践和参与的机会，在休闲农业与乡村旅游活动中，农事劳动多数情况下已成为游客自我表现和创造快乐的机会，某些劳动的付出是游客求之不得并欣然向往的，并在这种体验活动中享受到难得的乐趣。

## 二、休闲农业与乡村旅游的功能

### 1. 经济功能

休闲农业与乡村旅游能够使农民利用农村现有空间和绿色资源，既不离乡，也不离土，就地生财，就业增收。据统计，一个年接待 10 万人次的休闲农庄，可实现营业收入 1 000 万元，直接和间接安置 300 名农民就业，可以给 1 000 个农户增加收入。

### 2. 社会功能

休闲农业与乡村旅游为城市居民与农村居民提供了沟通交流平台，有利于农村社会事业的发展和农村面貌的改善，有利于农村社会进步，缩小城乡差距。通过与城市居民的接触、交流，许多农民吸纳了现代的思想观念和经营理念，也把农村的传统文化习俗向城市居民展示、传播，城市文明和农村文明相融互济，和谐发展。

### 3. 文化功能

休闲农业与乡村旅游的发展会挖掘传承农村传统文化，促进农村农耕文化、民俗文化、生活文化、民间手工艺和产业文化发展，有利于农村文化事业的发展。

### 4. 生态功能

休闲农业与乡村旅游通过对农村生态资源的保护和开发，将农业资源变成了旅游资本，提高了农民的环保意识和积极性，提高了农村环境质量，促进了生态系统良性循环。

### 5. 游憩功能

休闲农业与乡村旅游可以为游客提供观光、休闲、体验、娱乐、度假等各种活动的场所和服务，有利于游客放松身心、缓解工作和学习压力，陶冶性情。

### 6. 教育功能

休闲农业与乡村旅游可以为游客提供了解农业文明、学习农业知识、参与农业生产和体验农家生活等活动，是融知识性、科学性、趣味性为一体的农业生态科普教育园地。

### 7. 保健功能

休闲农业与乡村旅游提供的优美自然环境、新鲜的空气、宁静的空间，使游客实现生理和心理健康的共享，有利于调剂游客身心及养生保健。

## 第三节　休闲农业与乡村旅游的资源

### 一、休闲农业与乡村旅游资源概述

#### 1. 休闲农业与乡村旅游资源的含义

休闲农业与乡村旅游资源是指在一定时期、地点、条件下能够产生经济、社会和文化价值，能为休闲农业旅游开发和经营所利用，为开展休闲农业旅游活动提供基础来源的各种物质和文化吸引物的总称。休闲农业与乡村旅游资源是休闲农业与乡村旅游赖以发展的基础，只有掌握和理解休闲农业与乡村旅游资源相关知识，才能对休闲农业与乡村旅游资源进行合理的开发。

#### 2. 休闲农业与乡村旅游资源的特征

（1）生产性、休闲性。休闲农业资源既具有可供人类生产和加工农产品的特征，又具有供人类休闲的特点，如鱼类资源可供人类养殖生产和加工鱼类食品，也可供人们垂钓休闲、果园果树种植，为人类提供水果食品，同时，形成了生态景观，供人们观光休闲。

（2）社会性。农业自然资源在人类尚未开发和利用之前，属于自然属性，当人类利用，投入生产过程后，就具有社会经济属性，农业资源中的农业社会资源包括社会、经济和科学技术因素，可以用于农业和休闲农业，因此，休闲农业资源本身就具有社会经济的属性。

（3）整体性。各种休闲农业资源相互间联系，相互制约，形成统一整体，如休闲自然资源形成的某一景观，当某些自然要素受到破坏时，则这一景观也就受破坏了。在一定的气候、土壤的影响下，长期形成森林植被和群落，一旦森林被滥砍伐后，就会引起气候变化、水土流失和生命群落的变化。休闲农业资源具有多种功能，多种用途和多种适应性。如林木这一重要的资源既可以提供木材，又可以保持水土，防风固沙，更可以利用观赏休闲。

（4）不可逆转性。休闲农业自然资源和农业自然资源一样，资源消耗是不可逆转的，过度消耗会造成资源的退化、消失，一旦消逝，且不可再生。

（5）可变性。休闲农业自然资源和休闲农业社会资源的发展具有可变性，资源在数量上虽然有限，但是发展的潜力是无限的，如农作物品种的选育，创造出新的品种；农业生态环境的建造；农业资金的积累等，都是资源进一步发展的表现。

（6）地域性。由于各个地区的气候、水热条件的不同，和各地经济、社会、科技基础不一样，因此，休闲农业资源具有较明显的地域差别。

## 二、休闲农业与乡村旅游资源的内容

休闲农业资源区别于传统旅游资源，农业生产资源、农民生活资源和农村生态资源是其主要组成部分。休闲农业资源呈现出多样性、季节性、地域性、审美性以及综合性的特点，其范围比传统农业资源范围更加广泛，基于资源性质的休闲农业资源可分为自然资源、生物资源、人文资源和现代科技资源四大类。

### 1. 自然资源

休闲农业园的开发必须建立在优越的自然条件基础上，所处区域的自然资源条件在一定程度上确立了休闲农业企业的开发类型和方向。休闲农业企业可利用本地特有的自然资源，进行资源开发。吸引游客。休闲农业自然资源按照其表现形式不同，一般分为地理位置、气候、水文、地貌、土壤、植被等。

（1）气候。气候包括气温、降水等条件，它所影响的生物类型和分布在一定程度上决定休闲农业的景观及其季节更替。对于休闲农业企业来讲，其所在区域的气候条件直接对它的农业资源产生影响。

（2）地理位置。对于休闲农业企业来讲，自然地理位置非常重要，它能很好地向人们展示出企业所在地区具有的独特要素。

（3）地貌。地貌因素决定了休闲农业园地表形态，从而影响到休闲农业园的可进入性、项目的立地条件和景观的丰富程度。

（4）水文。水文因素对休闲农业园的影响表现在两个方面：一方面是影响开发地生物的生长和分布；另一方面它决定了园区生活用水的质量和数量。

（5）植被。植被就是覆盖地表的植物群落的总称。植被在土壤形成上有重要作用。在不同的气候条件下，各种植被类型与土壤类型间也呈现出密切的关系。植物是通过光合作用将无机物转化为有机物、独立生活的一类自养型生物。在自然界中，目前已经被人们知道的植物大约有 40 万种，它们遍布于地球的各个角落，以各种奇特的方式自己养活着自己。绝大多数植物可以进行光合作用，合成有机物，贮存能量并放出氧气。

（6）土壤。土壤状况一方面影响生物的生长；另一方面为休闲农业园的各类设施提供立地条件。中国土壤资源丰富、类型繁多，由南到北、由东向西虽然具有水平地带性分布规律，但北方的土壤类型在南方山地却往往也会出现。

2. 生物资源

生物资源是指可用于或有助于农业生产的生物资源。主要包括农作物资源、林木资源、畜禽品种资源、水产生物资源、蚕业资源、野生动植物资源、微生物资源等。

（1）农作物资源。主要有粮、油、糖、烟、薯、菜、果、药、杂，可归纳为粮食作物、油料作物、经济作物、园艺作物等类别。

①油料作物：它是以榨取油脂为主要用途的一类作物。主要有大豆、花生、芝麻、向日葵、油菜、棉籽、蓖麻、苏子、油用亚麻和大麻等。

②粮食作物：粮食作物亦可称食用作物，其产品含有淀粉、蛋白质、脂肪及维生素等。主要包括：谷类作物、薯类作物、豆类作物等栽培粮食作物。它不仅为人类提供食粮和某些副食品，以维持生命的需要，而且为食品工业提供原料，为畜牧业提供精饲料和大部分粗饲料。粮食生产是多数国家农业的基础。

③园艺作物：一般指以较小规模进行集约栽培的具有较高经济价值的作物。园艺作物包含果树、蔬菜、花卉三大类经济作物群。

④经济作物：经济作物又称技术作物、工业原料作物。指具

有某种特定经济用途的农作物。经济作物通常具有地域性强、经济价值高、技术要求高、商品率高等特点，对自然条件要求较严格，宜于集中进行专门化生产。按其用途分为：纤维作物、糖料作物、饮料作物、嗜好作物、药用作物、热带作物等。

（2）畜禽资源。近年来，我国畜牧业取得长足发展，肉类、禽蛋产量连续多年稳居世界第一，畜牧业产值约占农业总产值的比重达36%。畜牧业发展对于保障畜产品有效供给、促进农民增收作出了重要贡献。

（3）林木资源。我国的林木资源主要分为商品林和公益林。

①商品林：包括人工培育的用材林、薪炭林和经济林。人工用材林是指人工培育的以生产木材为主要目的的森林和树木，包括人工播种（含飞机播种和人工播种）、植苗、扦插造林形成的森林、林木以及森林和林木采伐后萌生形成的森林和林木。

②公益林：它是指生态区位重要，对国土生态安全、生物多样性保护和经济社会可持续发展具有重要作用，以提供森林生态和社会服务产品为主要经营目的防护林和特种用途林。包括水源涵养林、水土保持林、防风固沙林和护岸林、自然保护区的森林和国防林等。简言之，公益林就是以发挥生态效益为主的防护林、特种用途林。

（4）蚕业资源。蚕业资源是农业的一个组成部分。经营范围包括桑树栽培、蚕种繁育、养蚕、蚕苗干燥和贮藏以及蚕茧、蚕种销售等。作为中国传统农村家庭手工业的蚕业一般还兼行缫丝、织绸。一般以桑蚕为主要饲养对象，还放养柞蚕，生产柞蚕茧丝。中国的蚕茧、蚕丝产量均居世界首位。

（5）水产生物资源。

①淡水水产生物：根据水产部门的资料，中国内陆水域共有鱼类795种。东部地区的水系种类较多，如珠江水系有鱼类381种，长江水系约有370种（其中，纯淡水鱼类294种，洄游性鱼

类9种），黄河水系有191种，东北黑龙江水系有175种。西部地区鱼类稀少，如新疆维吾尔自治区仅有50余种，西藏自治区有44种。在内陆水域中，其他水生生物，如贝、蟹等软体动物和甲壳动物的物种丰富度也较高。其中，包含大量有经济价值、被广泛利用的种类。还有许多珍稀特有种类，如白鳍豚、中华鲟、白鲟、胭脂鱼、赤魟、勃氏哲罗鱼、大理裂腹鱼、中华绒螯蟹等。

②海洋水产生物：中国海洋生物资源丰富，海洋水域有记录的海洋生物种类多达20 278个物种。其中，水产生物：鱼类3 032种；蟹类734种；虾类546种；各种软体动物共2 557种（含贝类2 456种，头足类101种）。此外，还有各种大型经济海藻790种，各种海产哺乳动物29种。如此众多的生物种数说明了中国海洋水产生物资源的丰富和多样性。

（6）野生动植物资源。它是指一切对人类生产和生活有用的野生动植物的总和，包括食用性资源、工业性资源、生态保护性资源、种植性资源等。野生动植物资源具有很高的价值，它不仅为人类提供许多生产和生活资源，提供科学研究的依据和培育新品种的种源，而且是维持生态平衡的重要组成部分。

①野生植物：它是指原生地天然生长的植物。我国野生植物种类非常丰富，拥有高等植物达3万多种，居世界第三位，其中，特有植物种类繁多，有17 000余种，如银杉、珙桐、银杏、百山祖冷杉、香果树等均为我国特有的珍稀濒危野生植物。我国有药用植物11 000余种，又拥有大量的作物野生种群及其近缘种，是世界上栽培作物的重要起源中心之一，也是世界上著名的花卉之母。野生植物是重要的自然资源和环境要素，对于维持生态平衡和发展经济具有重要作用。

②野生动物：它是指生存于自然状态下，非人工驯养的各种哺乳动物、鸟类、爬行动物、两栖动物、鱼类、软体动物、昆虫

及其他动物。它分为濒危野生动物、有益野生动物、经济野生动物和有害野生动物四种。

全世界有794多种野生动物，由于缺少应有的环境保护而濒临灭绝。每种野生动物都有它们天然的栖息环境，保证着它们的生息繁衍。如果这种栖息环境遭到破坏，动物的自然存续就面临危机，即使没有人捕食，也难以生存。保护野生动物，归根结底还是要保护它们的栖息地。

3. 人文资源

人们在休闲农业园中游玩时，不仅是为了体验农业生产活动，而且希望能够体验到当地的人文环境和风俗习惯。在休闲农业园区景观开发和活动设计时，应当充分挖掘当地的人文资源进行包装打造，使其成为休闲农业园区吸引游客的亮点。

（1）农耕活动。耕作是配合植物生理、气候环境、经验法则等一系列周期性、技巧性的行为。不同的农作物耕种活动有不同的重点，但大致来说，传统的农耕活动包括春耕、夏耘、秋收、冬藏等。

（2）传统农具。农具是进行农业生产所使用的工具。农具的演进过程记录了劳动人民经验的累积。传统农具主要种类如下。

除草：铁锄、耘耥等。

播种：车、秧马等。

耕耘：使用畜力的有犁、耙、橛、耖等，使用人力的有铁耙、锄头、镐头、耥耙等。

采伐：柴刀、打竹刀、斧、锯、刮刀、刀等。

收获：有掐刀（收割稻穗的农具）、镰刀、短镢、簸箕、木扬锨、围帘、谷箩、谷筛、簟皮、畚箕、风车等。

灌溉：辘轳、人力翻车、通车、水车，人力水车居多，亦有用牛力的，人力水车分脚踏和手摇两种。

棉花加工：棉搅车、纺车、弹弓、棉织机等。

运输：扁担、筐、驮具、架子车、牛车、马车等。

农副产品加工：粮食加工有木砻、石臼、石磨、水碓舂米、杵臼、踏碓、碾等。

传统的农具，一方面可以用作休闲农园内的装饰布置，提高园区内的乡土气息；另一方面也可以作为市民体验农耕、学习农耕的道具，提高体验的真实性与完整性，还可以作为文化知识展览，旁边附上详解图，供游人参观了解。

（3）民俗风情。

①待客食俗：待客食俗在我国乡村有丰富的花样。如在北方农村，有"留碗底"之俗，即客人餐毕，碗中若留有剩余食物，则表示对主人的大不敬。在湖南湘西一带，有"泡炒米茶"之俗，即接待客人时首先要上一碗炒米茶，以示为客人接风洗尘。从这些待客食俗中，休闲农业开发者都可以发现餐饮开发的商机。

②节令食俗：春节食俗　春节的时候，汉族把最好的肉类、菜类、果类、点心类用以宴宾客。少数民族过年也很有特色：如彝族吃"坨坨肉"，喝"转转酒"，并赠送客人以示慷慨大方。

元宵食俗　元宵的食、饮大多都以"团圆"为旨，有圆子、汤圆等。由于各地风俗不同，如东北在元宵节爱吃冻鱼肉，广东的元宵节喜欢"偷"摘生菜，拌以糕饼煮食以求吉祥。

清明食俗　公历4月5日前后的清明节，主题为"寒食"与扫墓。清明吃寒食，不动烟火，吃冷菜、冷粥。

中元节食俗　每年农历7月15日，是佛、道两教祭祀亡灵的节日。

中秋节食俗　中秋节不仅吃月饼，还吃藕品、香芋、柚子、花生、螃蟹等。

重阳节食俗　重阳节的食物大多都以奉献老人为主，吃花生糕、螃蟹，有些地方还吃羊肉和狗肉。

冬至节食俗　喝米酒、吃长生面、饺子。

腊八节食俗　吃腊八粥。

灶王节食俗　北京一般包饺子，南方打年糕准备年货。

除夕食俗　北方必有饺子，有古语"年年饺子年年顺"。

③猎获与采集民俗：猎获即狩猎与捕捞。采集包括采草药、采野果、采野菜、采茶桑等。由于各地的自然条件不同，猎俗也因之有别。如东北鄂伦春族等少数民族保留着"上山赶肉，见者有份"的猎物分配的狩猎风俗。捕捞风俗各地更是千姿百态。如东海渔民出海日逢双不逢单，新船出海要烧一锅开水，泡上银圆，俗称"银汤"，用以浇淋船眼睛，俗称"开船目"，然后淋船头、舷、舵、槽，以求吉利。

④意识民俗：它涉及的范围相当广泛，有原始信仰方面的，如对天地、日月、云雾、风雨、雷电、山石、水火等大自然的崇拜，对狐、熊、鹿、貂、鸟、蛇等的崇拜意即图腾；有祖先崇拜，宗教信仰方面的，如道教、佛教、天主教、基督教等。

⑤礼仪食俗：礼仪食俗是指在很多乡村，在置办红白喜事或其他仪式时有一些特定的饮食习惯。如有的地方在小孩周岁的"抓周"仪式中，让小孩吃鸡蛋、面条，预兆未来健康顺利。在浙江太顺等地，酒筵有"退筵吃"之俗，即一餐分两段吃，先吃饱，暂散席，复席后再慢慢饮酒。青岛人在新娘登场和瓜果上市时，要请上辈老人先吃，叫"尝鲜"。吃饭时老人"坐上首"，好菜"开头筷"，若小孩先动筷子，大人会斥责为不懂规矩。有些村庄还有新麦上场时儿媳妇给独居的公婆送第一锅馇馇的风俗。这些已成为我国"孝俗"中的重要组成部分。

⑥娱乐民俗：民间传统的各种游艺竞技文化娱乐活动，大致可分为：一是民间游乐，包括春游、踏青、赏桂、观潮和群众性的歌舞如舞龙、秧歌、抬阁等；二是民间游戏，包括活动性强的

捉迷藏、老鹰抓小鸡等和智力游戏如猜谜、绕口令等；三是民间竞斗，如斗牛、斗蟋蟀、斗鸡、斗鹌鹑等；四是百戏杂耍，如看社戏、演傀儡戏、演皮影戏等。

⑦生活民俗：独具特色的饮食民俗，如彝族有吃"转转酒"的风俗，饮酒者席地围成圆圈端酒杯，依次轮饮。赫哲族妇女穿鱼皮制成的服装，衣服边上并排缝上海贝、铜钱。还有不同类型的民居民俗，如"蒙古包""连家船""窑洞""吊脚楼"等。房屋装饰也反映着当地人的信仰，如陕西省山阳县民居房顶刻着"龙凤"圈等，以求吉祥。

（4）民间谚语。

①耕作：有培育壮秧的"秧好半年稻"；有关于插秧时节的"燕子来齐插秧，燕子去稻花香""立春做秧贩，小满满田青，芒种秧成苗"等；有关于插秧技术要求的"早稻水上漂，晚稻插齐腰"等；有关于施肥技术要求的"早稻泥下送，晚稻三遍壅"等；有强调深耕重要性的"耕田深又深，作物百样好""要想丰收年，冬天深耕田"等；有关于轮种的"稻、麦、草籽轮流种，九成变成十成收""芒种芒种，样样要种"等。

②田间管理："小暑补棵一斗米，大暑补棵一升米""只种不管，打破饭碗。田里多管，仓里谷满""种田不除草，肚子吃不饱，除草要除芽，莫等草成爷""立秋不拔草，处暑不长稻"等。

③收获："麦子一熟不等人，耽误收割减收成""一滴汗水一颗粮，汗水换得稻谷香""精收细打，颗粒归仓"等。

（5）民间歌舞。

①舞龙灯：俗谚云：正月龙灯二月鸢。舞龙灯是以竹篾扎成龙头、龙身和龙尾，一般从三节到几十节不等，多为单数。动作有"龙摆尾""龙蟠柱"等。一般在除夕或元宵，人们高举用稻草、苇、竹、树枝等扎成的火把，在锣鼓齐鸣声中，奔走于田

岸，流星舞火，煞是壮观。

②民歌：我国民间歌谣蕴藏极其丰富。汉族的除了民谣、儿歌、四句头山歌和各种劳动号子之外，还有"信天游""扑山歌""四季歌""五更调"，至于像藏族的"鲁""协"，壮族的"欢"，白族的"白曲"，回族的"花儿"，苗族的"飞歌"，侗族的"大歌"等，都各具独特的形式。

③采茶舞：该舞源于茶乡的劳动生活，由一群姑娘身扎彩衣，腰系绣花围裙，手持茶篮，口唱"十二月采茶歌"，描述采茶姑娘一路上山坡，走小路，穿茶丛，双手采茶、拣茶和在茶叶丰收归途中追蝴蝶的形象。

④扭秧歌：秧歌舞具有自己的风格特色，一般舞队由十多人至百人组成，扮成历史故事、神话传说和现实生活中的人物，边舞边走，随着鼓声节奏，善于变换各种队形，再加上舞姿丰富多彩，深受人们的欢迎。秧歌舞表演起来，生动活泼，形式多样，多姿多彩，红火热闹，规模宏大，气氛热烈，闹得热火朝天。另外，不同的村邻之间还会扭起秧歌互相访拜，比歌赛舞。

⑤舞狮：舞狮是我国优秀的民间艺术，每逢元宵或集会庆典，民间都以舞狮前来助兴。表演者在锣鼓声中，装扮成狮子的样子，作出狮子的各种形态动作。

4. 现代科技资源

（1）现代农业新技术。主要指适应农业发展方式需要所采用的技术集成，如发展生态循环农业中所采用的农业废弃物无害化处理、资源化利用技术、立体种养技术；发展节本高效农业采用的省工免耕技术等。

（2）农业新品种。开发新品种就是为了克服老品种的缺点和不足或者顺应市场新的需求，使作物或者牧畜在产量、品质、抗性等方面得到改善，从而获得更高的生产力和更好的经济效益。人们常说，一粒种子，可以改变世界。种子是最基本的农业生产资料，是人类赖以生存和发展的基础。社会文明程度越高，对种子的要求也就越高。品种的水平，体现了人类文明的程度，也是人类文明的象征。就我国而言，20世纪80年代前，农业生产的核心是解决人民的温饱问题，对品种的首位要求是高产。进入80年代后，人民的温饱问题得到了根本解决，选育的品种开始向高产优质方向发展。90年代末，随着市场经济机制的导入，品种的优质开始提到了首位，品质好的品种，名、特、优品种，开始走俏市场。进入21世纪，尤其是我国加入世贸组织后，日趋激烈的市场竞争，对农产品提出了更高的要求，农业开始向外向型绿色农业、兼用型方向发展。

①通过名、特、优、新品种实现多样化市场经济：主产品大需求，小产品也能做出大市场。我们在抓好粮、棉、油、畜、禽等主要品种更新的同时，要注意抓好特色果、菜、瓜等经济产业的开发利用，以适应城乡人民生活的多种需求。

②品种布局区域化，形成规模经济：形不成规模，即形不成市场，有了一定的规模，才能形成稳定的客户群，才能形成产、加、销一体化生产格局。

③用途多样化，形成特色产业经济：由于市场需求的多样化，育种目标相应地也需由市场导向，因而品种也应多样化或专用化，如碟形瓜的培育。碟形瓜学名玉黄西葫芦，是菜瓜的一个新品种，果皮果肉均为黄色，因其外形似月牙形花边的碟子，故得名碟形瓜。碟形瓜既可食用，又可观赏，其抗性强，品质优良，口感脆嫩，主要供应观光园区种植和高档宾馆饭店消费，深受消费者的喜爱。

### 三、休闲农业与乡村旅游资源的禀赋

休闲农业与乡村旅游资源正成为新的投资亮点，那么什么样的资源才是最重要的、最关键的、最符合未来发展需要的？主要

包括以下几方面。

### 1. 优美的生态环境

乡村甘甜洁净的水、绿色的树、蓝蓝的天、清新的空气、安静的环境、森林小气候以及农家美食，无一不令人向往。试想一下，在彩灯迷离的城市，想要看看皎洁的月光都难了，更不用说夏夜起舞的萤火虫，村前老树下的篝火与游戏，很多美好的记忆正与我们渐行渐远。忙里偷闲到乡村，一畦青菜、一架葡萄、一池锦鲤、一盏清茶、一把躺椅，看庭前花开花落，天边云卷云舒，这样的视觉享受，瞬间便可消融一切身心的疲惫。

### 2. 体验式劳动演绎成众乐乐

劳动，不仅光荣，还产生美与快乐，以及丰收的喜悦。且看辛弃疾的《清平乐·村居》："茅檐低小，溪上青青草。醉里吴音相媚好，白发谁家翁媪。大儿锄豆溪东，中儿正织鸡笼；最喜小儿无赖，溪头卧剥莲蓬。"寥寥数语就将一幅乡村恬美的画面展现在今人的面前，这个生活画面与场景放在今天，就可称之为休闲农业与乡村旅游资源。

乡村传统劳作是乡村人文景观中精彩的一笔，如草鞋编织、石臼舂米、鸬鹚捕鱼、摘新茶、采菱藕、水车灌溉、驴马拉磨、老牛碾谷、做豆腐、赶鸭子、放牛羊等等，充满了生活气息，令人陶醉，让走出樊笼的现代人放飞心灵。

独乐乐不如众乐乐，很多游客都乐于呼朋唤友一起去体验这些传统的劳作，既锻炼了身体，还愉悦了身心。

### 3. 探索自然成为教育的补充

旅游实际上是人与自然对话的过程。自然科学是一门宏大的学科，它包罗了天文学、生物学、自然地理学、地质学、生态学、物理学、农学等各种科学，任何在城市里找不到答案的东西都可以在乡村的自然界中获得，例如，在城里，你知道写犁字，但你不一定知道犁是什么样；在乡村，在自然里，也许不知道犁字怎么写，但知道犁是什么样。

尽管我们追求的是既知道犁是什么样，也要知道犁字怎么写，也即文明和自然的结合达到基本的认知，进一步明白很多道理的话，就相当于格物致知。

因此，很多学校经常会组织学生去乡村学习、考察。学生通过在乡村的各种体验，丰富了对大自然及农耕文明的认识，增强了环境意识和团队意识，提高了处理人际关系的能力，锻炼了自身的意志力及掌握野外生存的技能。

4. 闲适野趣的生活成为追求

休闲农业与乡村旅游的兴起，是道法自然的思想回归，是农耕文化的再次觉醒。近来发现很多网友的签名都在追求乡村生活情趣，如"手把青秧插满田，低头便是水中天；身心清静方为道，退步原来是向前"表现的是一种禅意。"黄梅时节家家雨，青草池塘处处蛙。有约不来过夜半，闲敲棋子落灯花"体现的是闲适与淡然。哪怕是比较直白的"种田南山下，悠然采菊花；夏卖桃形李，秋收红地瓜"也充满诗意栖居的理想。

5. 新的业态正引爆行业发展

从目前的发展情况来看，许多传统的商业模式与服务业态将与休闲农业结合起来，例如，养生公寓、仓储式超市、乡村美容院、乡村酒吧、国际青年旅舍、企事业单位后勤基地、企业培训基地、高端幼儿园、非物质文化传承保护中心、高端社区业主庄园、乡村婚纱摄影基地、影视文化拍摄基地、市民假日大学、大学生创业实践基地、农民创业园、格子农庄、宠物训导中心、民间收藏展示中心、国防教育训练基地、公益社团活动基地等，这些新的业态加快了休闲农业与乡村旅游资源的整合力度。

### 6. 现有的发展类型可资比照

依据区位优势、资源禀赋、历史文化背景等条件，我国休闲农业发展总体布局分为四类区域，即大中城市和名胜景区周边，依山傍水逐草自然生态区，少数民族地区和传统特色农区。以上地区发展休闲农业与乡村旅游具有相对的优势，具体到单个的休闲农业庄园，又可以分为以下类型。

产业形态上包括休闲农业、休闲渔业、休闲牧场、休闲林场、休闲果园、休闲茶园、农业产业化龙头企业展示体验基地和国有企事业单位后勤保障基地等；地域分布上包括都市创意体验型、郊野休闲度假型、旅游景区依托型、农业园区配套型、新农村建设示范型、民族村寨文化传承型、山区林下综合开发型、湖区湿地保护利用型、矿区综合治理恢复型和老区产业扶贫带动型等；发展模式上包括大众休闲游乐型、高端养生度假型、区域支柱产业延伸型、专项主题文化深度开发型、特定客源市场对接型、社区支持农业订单型、农民合作组织捆绑型和品牌农庄连锁型等。

这些模式与类型，都是建立在一定资源基础之上的，我们谈休闲农业与乡村旅游资源禀赋、评价及其开发，离不开对上述发展类型与模式的研究，到具体的项目规划与建设，也需要对典型案例进行分析与借鉴。

【拓展阅读】

## 休闲农业十大体验要素

面对市场需求，休闲农业园区不论项目规模、主题定位如何，必须从游客体验本身说起，从以下10个基本要素出发，落实到产品设计和游客感知的各个维度，使休闲农业向深度和广度方向发展，丰富休闲农业产品的内容，为消费者提供高品味、多层次、全方位的休闲体验。这样打造出的休闲农业园,不仅特色鲜明,且农味十足。

### 1. 赏——休闲农业基本的构成要素

观光游览、体验农业美必然是休闲农业基本的构成要素。专家经反复斟酌,认为"赏"比"游"更能体现休闲农业体验给人心灵上带来的愉悦,而且休闲农业中"赏"的内容和方式都很广泛,可以无限挖掘和创新。如农业嘉年华中的各类创意景观往往是游客聚集拍照的地方(图3-1)。

图3-1 赏景

### 2. 采——吸引游客和盈利的抓手

采摘作为近年迅速兴起的新型休闲业态,以参与性、趣味性、娱乐性强而受到消费者的青睐,已成为现代休闲农业与乡村旅游的一大特色。采摘聚人气、带财气、成本低、收益高,是休闲农业园吸引游客和赢利的抓手。农业采摘不仅类型可以丰富多样,而且还可以深度挖掘,进行细分,例如,针对儿童、情侣、残疾人士等各类人群打造不同的采摘环境(图3-2)。

**图3-2 采摘**

3. 尝——为消费者带来味蕾绽放之旅

近年来，伴随着人们对健康饮食方式的日益推崇，城市居民越来越崇尚乡村美食的生态自然和简单朴实，对于一些出游者而言，品尝特色乡村美食，满足味觉享受，就是到乡村去的原动力。

在休闲农业中，"吃"应该超越基本的生活需求，提升为"尝"，为消费者提供"地产地销"的特色美食，从食材、调料、做法、容器、饮食环境、饮食文化传承等各方面打造不一样的"食"体验，体现鲜明的本地特色和不可带走性（图3-3）。

4. 学——发挥农业的教育功能

缺少科普教育的休闲农业体验是残缺的、不完美的，因为，从城市人需求的视角来看，久居城市的人们渴望了解农业的奥秘及农村的生活方式，这种农村和城市的差异性、互补性是发展旅游的基本条件。而在休闲农业中，"学"无处不在，如农业科

图 3 – 3　品尝

普、农业生产劳动中渗透出的人们的智慧和勤劳、人与自然的和谐。如北京国际都市农业科技园的科普活动室，为广大青少年提供了近距离接触农业、了解农业科技的绝佳场所，真正做到了寓教于乐（图 3 – 4）。

图 3 – 4　采茶

5. 耕——休闲农业的灵魂

农耕是休闲农业与乡村旅游区别于其他休闲类产品最本质的体现。农耕文明作为中国几千年的历史沉淀和传统文化的核心组成，在发展现代休闲农业的过程中，应对其精髓加以继承、弘扬和创新。在现实中，除了农耕博物馆、农耕劳动体验、亲子小菜园等形式，探索更为丰富多彩的体验方式，是休闲农业园出彩制胜的关键（图3-5）。

**图3-5　农耕**

6. 戏——快乐农业

轻松有趣的玩耍、嬉戏活动，对青少年有着强大的吸引力，也很容易将成年人带回到无忧的童年时代，引起情感上的共鸣，延长旅游者停留时间，提升游客满意度。农业是快乐的，如果我们深入挖掘，还可以营造出更多的快乐元素。如辽宁省农业嘉年华里的农业体验活动，吸引了许多游客排队体验（图3-6）。

图3-6 抓鱼

7. 淘——快乐"淘宝"

在休闲农业中，"淘"实现了农产品的直销，使乡村生产者与城市消费者直接对接，减少了中间销售环节，生产者的利润大幅度提高。而且，出游者大多都有购买体验的需求。因此，如何打造类型丰富又具有自身特色的商品，并让游客快乐地把商品带回家，也应该是园区经营者最关注的问题。

让游客快乐淘宝的方法也有很多，就销售方式来讲，休闲农业应强调消费引导和购买体验的过程，以满足消费者心理和精神需求的体验式消费为主（图3-7）。

8. 憩——放松心情、释放压力

休闲农业中的"憩"不仅指住宿体验，而是从各个方面，给消费者带来身体和心灵的放松与享受，契合旅游者出游目的。对于发展旅游必不可少的住宿，在休闲农业中应淡化住宿设施本身的功能，植入农村文化和农业特色元素，强调乡村特有的住宿体验（图3-8）。

图 3 – 7 购物

图 3 – 8 住宿区

9. 养——发现农业的健康功能

农村不仅可以为游客提供新鲜的空气，轻松的氛围，原生态的食品等有利于身心健康的环境，更重要的是农业生产丰富性、完整性和前后关联的连续性，给劳动者的生活带来了变化和节奏，是完整人性的体现。而当今雾霾成为常态天气，城市环境污染日益严重，让很多人都无比向往自然的绿色，逃离城市、寻找天然氧吧，成为人们休闲的热点。

10. 归——休闲农业高层次的体验

都市生活的紧张繁杂，使人们对于返璞归真的纯手工农业生产及生活越来越喜爱，休闲农业应本着"生态乡野、回归本真"的原则，让消费者情不自禁地产生回归大自然的情愫，产生心灵的归属感。

# 第四章  乡村旅游的设计

## 第一节  乡村旅游游览的设计原则

乡村旅游以追求"舒适"为目的，应该遵循"色、少、低、慢、静"等五大原则，五大原则可简单展开为"双色、两少、三低、五慢、两静"。

### 一、双色原则

#### 1. "色"的基本含义

"色"的理念，又称为双色理念、本色理念、绿色理念、朴实理念。本色包括自然本色和人文本色两个部分。本色有狭义、广义之分，广义包括所有原生态的自然本色和原真态的人文本色，狭义仅指自然植物之绿色，本文取广义。从感知角度看，本色具有养眼、养心之功效。

#### 2. "色"的基本类型

(1) 自然本色。指自然形成的有形和无形的天然物象之色，即原生态之色。包括花草林木、水体云雾、天空霞虹、沙漠盐泽、岩矿土壤的自然之色。

(2) 人文本色。指通过人类劳作、干预、思维等累积而形成纯人工或半自然的物态和非物态的物象之色，即原真态之色。包括半自然原真态本色，如作物、花草林木等，具有广泛和深厚民众基础的文化沉淀和累积。

### 3. "色"的利用和营造

（1）充分利用自然本色。自然本色最为养眼，耐看耐品，最为游客所喜爱和接受。具体做法上，首先对自然本色的视觉效果作细致和具体分析，对自然本色的整体布局及局部营造进行视觉美化规整、调配和设计，施以适度的人工干预，使之更加适合人的审美习性和情趣，为游客创造最佳的视觉空间和视觉美感。

（2）巧妙利用人文本色。自然本色自有其视觉价值，但无法涵括人类心灵深处对不同类型美的憧憬、探究、体验之冲动。因此，应充分挖掘具有鲜明地域特性的原真态人文本色，以真实、自然、和谐之手法将其展示给游客，使之在观赏的基础上激发游客体验的强烈欲望。

（3）适度人工干预与添加。基于整体布局或局部营造之需要，适度进行人工干预，添加与自然本色协调和谐之色彩，以弥补自然与人文本色的缺憾或不足。若罔顾整体布局，肆意打破自然村落之格局，随意添加人文之物景，并以外来型材、现代型材造之，破坏了乡村的整体之美和乡韵之味，又徒增建筑成本，实属弄巧成拙，是为败笔。

## 二、两少原则

### 1. "少"的基本含义

"少"是乡村旅游重要理念或原则之一，指尽量减少乃至杜绝对乡村环境与资源的人为干预、改变和破坏，力图完整地保护乡村的自然原生态和人文原真态。

### 2. "少"的基本类型

从乡村环境与资源的大类着手，可将"少"分为两个类型。

（1）对有形要素减少人为干预。即减少有形要素的人为添加与雕琢，包括如下内容。

①减少乃至杜绝改变，尤其是大规模改变乡村的自然、半自

然环境行为：从历史演变理解城镇化、城市化，拒绝对乡村自然地理单元、地貌单元的规则化改造，避免造成自然原生态的颠覆式破坏；辩证理解和运用规模化、集约化生产方式，减少或拒绝对乡村自然花草树木的专类规整和对不规则田园的几何式规整等畸形追求；正确理解和运用生态文化思想，追求乡村生态的自然平衡和可持续平衡，动态看待乡村旅游的经济效益和社会效益，尽量减少或拒绝引种外来物种。

②减少乃至拒绝大规模改变乡村有形人文环境行为：摒弃简单套用城市理念的思想和做法，拒绝乡村空间的大马路和大型现代设施和建筑，减少或拒绝对村落进行的大幅度、大规模规整或新建；拒绝高层建筑、高密度建筑，包括高密度景观建筑，拒绝高音频和高能耗配置。总之，在乡村旅游开发与运营中，人类应克服短期发展冲动和经济至上观念，充分尊重人类数千年、数百年累计形成的乡村物态文化，保护和维持乡村的原生态和人文原真态文明，使之延绵后续，福及子孙。

（2）减少现代文化、非本土文化的夹塞与混入。

①减少或拒绝添加现代文化，树立文化传承观念，维护乡村文化乡土性、历史性、连续性和纯洁性。

②减少乃至杜绝使用洋文化、异族文化元素，杜绝外来文化的夹塞和混染，包括建筑形态、符号、色彩、风格，维持乡村人文的民族性和地域性；树立和强化文化自信、文化自尊、文化自立的观念。

3. 利用和营造"少"

遵守"少"的理念或原则，并不完全排除人为干预，核心在于干预得法、干预有度、干预协同。

（1）干预得法。干预得法指在综合考虑、动态考虑乡村环境与资源的基础上，围绕营造"雅静"空间和实现"舒适"目的的合理干预。

（2）干预有度。干预有度指在实施人为干预时，充分照顾到乡村环境与资源的自然性、人文性特点，避免干预过度，以致造成乡村自然与人文环境与资源的人为挤压、失衡，甚至破坏。

（3）干预协同。干预协同指人为干预中必须充分兼顾干预与未干预部分之间的静态、动态平衡。包括 3 个方面：其一是兼顾干预与未干预部分的空间协调、要素协调、品质协调、风格协调、格韵协调；其二是兼顾干预部分的可持续协调性，既追求当前协调，又追求后期协调；其三是兼顾干预部分与未干预部分的可持续协调。

### 三、三低原则

#### 1. "低"的基本含义

"低"是乡村旅游中重要的理念之一，主要包括人工建筑的空间宜低、乡村空间要素的密度宜低和开发与运行过程中的对资源与环境的消耗宜低。

#### 2. "低"的基本分类

（1）低层。低层指乡村建筑中以底层为特色，拒绝中高层建筑。因乡村环境的固有特性，现代高层建筑在形体对比、色调反差、建材表现力等方面会与其产生巨大反差，进而造成对乡村环境的自然性、整体性、协调性等产生明显破坏。通常情况下为两层，少数可高至三层。

（2）低密。低密也称低密度。乡村空间的开阔、宽松、舒展等特点决定了其建筑和景观的低密度，与传统景区的紧凑、密集形成鲜明比照。低密特点是乡村旅游自身的独有优势。当然，低密度不排除部分地段因功能所需适度进行集中布局。

（3）低耗。低耗指乡村旅游开发与运营过程中对资源与能量的消耗较传统旅游要低。包括 3 个方面：其一，旅游客体的打造、营造应以本色为理念或原则，必须是低耗的；其二，旅游介体的构建应以电子信息技术为核心，必须是低耗的；其三，休闲凭借应以乡村环境与资源、乡村设施和器具及现代该科技产品为基础、为素材，设计和推崇参与式、体验式的"自游"方式，也必然是低耗的。

3. "三低"的利用与营造

"低"的利用与营造和旅游六要素息息相关。乡村旅游吸引物空间具有天成的低密度特点，但吃、住、行、购、娱等要素的低密则有赖于人的策划、规划和营造。

（1）游。低密度在乡村旅游的"游览"要素中最为根本和重要。客观上，乡村自然环境处处见"低"，广阔的天空，蓝蓝的白云，一望无际的田野等无一不见"低"。乡村旅游的吸引物本来就是低密度的，关键在于如何利用自然原生态和人文原生态要素顺势而为，顺势而造，并不有依赖于人工，更无须过多的人为整作、雕刻和大规模营造。否则，只能是画蛇添足，如"田野本自然，整作嫌多余""大海本辽阔，何必再分割""村落星棋布，何苦再腾挪"。

（2）食。首先，乡村旅游的餐饮除原料讲究绿色、乡土、农家等特点外，其用餐场合也须追求自然、绿色、开阔、疏朗，使就餐空间宽舒；其次，就餐时间应讲究充分与低频率，避免密集式就餐方式。大海边、田野旁、小河畔等都是营造低密度就餐的适当场所。

（3）住。追求相对分散和个性化，不宜采用几十人集中住宿模式，否则与传统景区、城市宾馆无异。居住时间上，在一个乡村旅游区内，最好选择一处可居住若干天的场所，不作频繁腾挪。

（4）行。追求交通工具乡土乡味、地域色彩，行游线路绵长曲折，人车密度低。营造行的低密度环境，还取决于旅游区游客行游线路科学、合理的编排。

（5）购。购物应明显有别于传统景区模式，即除个别点集中购物外，应主要采用分布式、参与式、体验式购物方式，如果园现采现卖、餐后原料出售、游客自制产品自购等。

（6）娱。采用既集中又分散方式，分散方式以参与式、体验式娱乐为主，如小范围的地方小曲及劳动歌谣练唱、诗词练写练说、小规模地方舞蹈和民族舞蹈研习等。

## 四、五慢原则

### 1. "慢"的含义

"慢"即慢节奏，指慢体验、慢参与，包括慢行、漫游、慢品、慢娱、慢购等"五慢"。"慢"有赖于色、少、低、静的支撑，并依托于乡村慢行系统。"慢"实际上是游客在乡村旅游中的一种感觉，是一种基于旅游客体的主观反映，看不见、摸不着，而非客观存在于乡村空间。"慢"也有格局之高低。格局低者，仅有旅游客体之"慢"，如空间布局之"慢"、游览行为之"慢"，未必能使游客生发身、心、智之"慢"。格局高者，除客体之"慢"外，可使人步"慢"（身"慢"）、心"慢"，以致脑"慢"（脑"慢"即思、静思）。

### 2. "慢"的基本内容

（1）慢行。慢行指游览不是求快，而是以游客自由行进、自主行进、舒适行进为标准，方式有步行、自行车代步、人力代步、牲畜代步等。

（2）漫游。漫游指游客在游览中信步自游，仅有指导性行程。

（3）慢品。慢品包括慢食慢赏，慢食指游客在品尝饮食过程中充分体验食品饮品之色香味美、风格和历史；慢赏指游客在游览中对吸引物的观与赏从容不迫。

（4）慢娱。慢娱指游客在游览过程中花费足够的时间用以体验乡村风物，从而自娱、他娱、共娱。

（5）慢购。慢购指游客视购物为乡村风物的体验和参与过程，不是简单地急匆匆购物，而是把购物与对所购物品的观赏、鉴赏、研习等糅合在一起，使购物行为具有浓厚的体验、参与和学习色彩。

3. 利用和营造"慢"

（1）在"色"理念的指导下，根据前面所说，自然本色最为养眼，耐看耐品，最为游客所喜爱和接受。对自然本色的整体布局及局部进行美化，使之更加适合于人的审美习性和情趣，为游客提供一个舒适安全的畅旅慢游环境。

（2）在"少"理念的指导下，充分利用乡村空间所具有的开阔、舒展等特点，因势利导，就势而为，对旅游六大要素的空间密度进行合理控制，必要时辅之以人为添加，力避密集、拥挤，营造"慢"的游览空间。

（3）在"静"理念的指导下，通过规划设计者对人类心理的参透和乡村旅游空间的匠心布局，营造客观之"慢"，进而为营造客观之"静"奠定基础。

**五、两静原则**

1. 静的基本含义

"静"是美学的一个境界，所谓"审美静观"指的就是静，笔者在这里指的所谓"静"，除了审美的意味外，还指低音、低躁。"静"有两层意义：其一指人所处之客观环境清静，即环境之静、客观之静，客观之静又可分为自然环境之静与人文环境之静；其二指人之内心无杂念多欲、心静如水，即"人心之静""主观之静"。

"静"有格局之高低。格局低者谓心静，仅此而已，于人虽有静心之功，但静而无味、静而无出，无启示、激发之效，表现为自然之静对人心的单向作用。格局高者谓雅静，不仅可静心，还可使人在静的环境和静的过程中心智得以荡涤，形成自然之静与主观之静的双向作用，进而为悟觉的产生奠定主客观基础，所谓静极而思动。

从人的感知看，"静"与人类第二感知系统中的耳之功能"听"对应，具有养耳、调心之功。乡村旅游的重要功能之一就是以客观之静化解主观之躁，以达成主观之静与客观之静的偕同与融合，功能重在调"心"，为启智、开智之基础。

2. 静的基本内容

（1）客观之静。客观之静即自然形成的天然之静、原生之静，即由自然环境诸要素复合而成的特殊空间的特定状态，具有使游客排却他念、沉于自我与环境之功能。

（2）主观之静。指依托人文环境与资源营造的空间的特定状态，对游客具有洗却烦念、怀古感伤、肃然敬崇等功能。

3. "静"的利用及营造

"静"的营造至关重要，甚至可以说，没有"静"即称不上乡村旅游。发现及营造"静"可从以下几个方面着手。

（1）利用和挖掘自然之静。自然界本来处处皆静，只因有人，安静之所愈来愈少。哪里有人，哪里即无真正意义上的"静"地。可见，营造"静"地，首先是人的问题。因此，营造自然之静，首先应尽量降低乡村旅游空间人的活动频率和人的密度。

（2）巧妙营造人文之静。利用各种人文手法，营造环境与氛围，如利用中国传统园林与建筑布局，在局部空间营造"小自然"空间，即具有人文之静的特性和功能。

（3）以闹求静。乡村之静，并非绝对意义上的寂静，不完全排斥"闹"。"闹"乃是专为追求独特的"静"而设计布局，所谓"闹中求静""闹中取静"，与悲剧予人先悲后思的路径一同。

## 六、舒适原则

所谓"舒"就是舒适，人之身、心、智处于"健"的状态，包括舒服（身）、舒畅（心）、舒通（脑）等3个部分，也是舒适的3个层次。舒适是乡村旅游的唯一目的，也是乡村旅游有别于城市旅游的唯一标准和依据。如何才能实现和完成乡村旅游"舒"这个目标呢？最根本的就是遵循"色、少、低、慢、静"的理念或原则，尤其是处理好这五大理念或原则之间的关系。

五大理念中，"色"是乡村旅游最根本的理念或原则，也是乡村旅游有别于城市旅游的核心标志；"少、低"既是乡村旅游的基本原则，也是其基本方法；"慢"是乡村旅游的动态个性，是"色、少、低"的客观与主观互动的逻辑结果；"静"是"色、少、低、慢"的综合状态，是客观（环境）与主观（身、心、智）的恰当匹配，具有主客两面性、综合性和融合性，是客观与主观互动的逻辑结果；"雅静"为"静"的最高格韵，是"色、少、低、慢"的最佳融合状态。

舒服对应于人的肉身，即人体对外界给予的刺激给予的正面和积极反应，乃是人的自然属性，但属于层次最浅的一种反应。舒畅对应于人的心情，即人的情绪对外界刺激所给予的积极回应和肯定，表现为心气开扬，亦属人的自然属性，但具有显著的个性化特点，具有历史性、地域性、民族性等局限，属于中间层次的反应。舒通对应于人的大脑，即人脑对外界刺激给予的积极反应，具有显著的社会性，属最高层次。

"舒适"是乡村旅游的目的，"舒适"的最高格局就是"天人合一"。"舒适"的质与量是衡量乡村旅游品质和格局的综合标准。"色、少、低"是"舒适"的客观基础和前提，"慢"是基于"色、少、低"的主观设计，是"舒适"的主观基础和条件；"静""雅静"分别是"舒服、舒畅""舒通"生发的综合前提，"舒服、舒畅""舒通"分别是"静""雅静"的自然延伸和必然结果。

乡村旅游的五大原则和目的明显有别于观光旅游的开发运营理念和目的，是旅游本质的必然回归。但是，乡村旅游并不排斥观光旅游，在一定的前提和条件下，观光旅游与其相互糅合，成为乡村旅游的重要组成部分。

## 第二节　乡村旅游购物活动的管理

### 一、乡村旅游购物品开发的原则

1. 乡村旅游购物品的开发要与当地的文化主题相契合

乡村旅游目的地的旅游吸引物的要素可能有很多，但旅游者未必都能留下深刻的印象。因此，在乡村旅游购物品开发中，应重点开发与当地民俗文化相呼应的旅游商品，注意传承优秀的文化与传统工艺，以实现更好地推广效果。

2. 突出地域特色，增加文化附加值

地域特色是乡村旅游购物品区别于普通商品的重要特质，也是形成旅游吸引力的重要元素。因此，在乡村旅游购物品的开发过程中，必须要依靠当地的资源优势，突出地域特色，同时，强化商品的文化内涵，增加文化附加值。

要实现这一原则，首先要在商品的选材、生产工艺方面体现地域性和独特性，尽可能地表现出乡村特色及其环境、文化传统、风俗习惯、生活场景等相关特征。乡村旅游商品在制作工艺、生产流程等方面要原汁原味地呈现当地的乡土文化，体现原生态的特质。

此外，在乡村旅游购物品的包装上，也要凸显特色。可以尝试采用当地特有的原材料作为包装原料，注意兼顾审美特性和保存价值，以美观、便携、多样化的包装吸引游客的关注。良好的商品包装是促进商品销售的最佳广告，也是无声的推销员，它能引起旅游者的注意，唤起旅游者的共鸣，激发旅游者的购买欲望。乡村旅游购物品在包装材料的选择上要充分考虑到它的文化属性，因为，不同的材料能体现不同的地域特色，传统的自然材料，如纸、竹、木、藤、皮革等天然材料，应成为乡村旅游购物品包装材料的主体，力争使旅游者看到包装材质就能联想到目的地的地域文化。

### 3. 扩大生产规模，实现多层次创新型开发

乡村旅游购物品要体现乡土气息，展示其独特性，除了要对历史的传承之外。还必须要在开发设计上下功夫。某些旅游购物品在经过长时间的演进过程中，其地方特色可能会逐渐弱化，这就必须要通过创新型的开发，使其能够重新焕发生机。

我们可以通过商品功能、工艺、造型、款式等方面的创新，结合规模化的市场战略，充分运用新科技、新材料、新理念、丰富乡村旅游商品的档次和类型，以满足不同市场旅游者的需求。

### 4. 重视商标保护，走品牌化发展路线

在乡村旅游购物品开发中，应尤其重视品牌的创建，重视旅游购物品自身的品质打造，增强其在旅游者心目中的知名度与美誉度。对于旅游者而言，在众多质量相当的旅游购物品中，当地的品牌产品往往更能获得认可。因此，对于乡村旅游目的地而言，针对当地的优秀旅游商品，不管是土特产品还是手工艺品，都应通过依法使用注册商标、申请技术专利等，来强化其品牌优势。同时，配合相应的营销宣传手段，提升品牌在客源市场上的影响力，使其更具竞争力。

## 二、乡村旅游购物品类型

### 1. 土特产品

土特产品是指具有浓郁地方特色，以地方原料或地方工艺加工生产而成的产品。每个地域都因其自然环境的不同而出产不同的土特产品，尤其是乡村地区，土特产品种类丰富，是旅游商品的重要形式。

### 2. 手工艺品

在乡村旅游购物活动中，手工艺品是旅游者喜爱的旅游纪念品的典型代表。手工艺品一般都具有鲜明的地域或民族特点，体现了乡村所特有的地域文化，在兼具审美、实用价值的同时，还能具有较强的纪念意义。具有地方特色的手工艺品在乡村一般都有着悠久的历史和传统的工艺，在成为购物品的同时，也是当地民俗文化的重要呈现形式。因此，乡村旅游购物品在开发过程中可以适当融入民俗文化的体验内容。

### 3. 其他旅游用品

（1）乡村旅游户外装备用品。户外装备用品是开展登山、露营、溯溪等乡村旅游中的户外活动所必需的装备用品。如登山器材、滑雪器材、帐篷、睡袋、冲锋衣、电筒、自行车、烧烤炉等。在开发或配备此类商品的时候，要注意将乡村旅游资源的特色与客源市场需求相结合，不要盲目引进。此外，可以注意赋予商品一些地方特色元素，体现出目的地的一些相关信息，以达到宣传推广的目的。

（2）旅游快消品。旅游快消品是指在旅游过程中能够被快速消耗掉的各种商品，主要包括食品、饮料、特色小吃及日常必需品等。在乡村旅游商品开发中，常见的日常必需品、饮料及食物按照需求正常配备即可，而特色小吃等是开发的重点，尤其是即时性制作的小吃、饮料等，在不方便携带、存放的情况下，可以作为旅游快消品，让游客在现场进行品尝、食用。

一般情况下，旅游者在旅游过程中对此类商品的需求弹性是比较大的，因此，可以将地方性的特色饮食引进来，增加旅游快消品的市场吸引力，同时，也是对地方特色的一种展示。

4. 民俗用品

在广大的乡村地区，特别是少数民族聚集的乡村地区，人们在日常生活或民俗活动中通常会使用一些特殊的民俗用品。这其中很多都具有审美价值和文化意味，也可以作为乡村旅游购物品开发中的一个门类。

### 三、乡村旅游商店的经营

为了满足旅游者乡村旅游过程中的购物需求，乡村旅游经营者也需要配备乡村旅游商店。乡村旅游商店以乡村旅游购物品为主要销售内容，以乡村旅游者为主要销售对象。一般而言，规模不应过大，因为乡村地区的经济发展水平相对较低，缺少足够的经济基础做支撑，同时当地居民的日常购买力也相对有限。乡村旅游商店可以选址在景区人口或离景区较近的地方，也可以在居民自有住房中辟出一定的区域进行商品的经营。条件许可的情况下，也可以建设乡村旅游购物或旅游土特产一条街，这样既能方便乡村旅游者的购物活动，也可以方便管理（图4-1）。

乡村旅游商店的经营原则

1. 保证质量，诚信经营

产品质量是乡村旅游商店生存的根本，商家在进行经营时，要本着对旅游者负责的原则提供保证品质的旅游商品。旅游者在旅游购物时最担心的问题就是挨宰或被骗，为了给游客提供有序健康的购物环境，乡村旅游商店的经营者要诚信经营，不欺诈游客，合理定价。要摒弃只做"一锤子买卖"的短视做法，吸引旅游回头客，着眼旅游商店的长远经营。

**图 4 - 1　乡村商店**

2. 突出特色

山东省历史悠久，物产丰富，很多乡村都有当地特有的代表性旅游商品，以能够体现当地地域文化的手工技艺和特色物产为主。乡村旅游商店在经营中要凸显当地的特色，将当地的优质土特产品、特色手工艺品作为销售的重点。同时，在物品的包装盒陈列上要讲究艺术，力求包装精美且便于携带，也可以把同类商品集中陈列，方便游客比较和鉴别。

3. 提高乡村旅游商店经营者的素质

乡村旅游商店的经营者要努力提高自身素质，做文明有礼的导购员。经营者应深入了解关于商品的特征、性能等方面的知识，能熟练进行商品知识的讲解和导购，可以在购买过程中为旅游者提供中肯、实在的建议，积极引导旅游者的购买行为。

4. 合理布局，美化购物环境

乡村旅游商的经营者要合理布局商品的陈列，利用科学的展示达到更好的销售效果。与此同时，要优化购物环境，做到整洁有序，增加当地特色的一些装饰用品。体现地域的乡土气息。

### 5. 创新灵活的销售方式

乡村旅游商品的经营者要采用多种形式让乡村旅游者在购买前了解商品的特征、制造工艺、性能功用等信息，可以通过张贴与商品相关的图文展示材料、现场的加工技艺展示或专门配备讲解人员进行介绍等形式，提升旅游者的购买兴趣，促进购买行为的发生。在条件许可的情况下，乡村旅游商店的经营者可以采取前店后厂的形式，既能让旅游者亲自参观工艺品的加工制作过程，还能对当地的乡土文化有更进一步的了解，同时，还可以刺激消费者的购买欲望。

### 四、乡村旅游商店的商品配备

乡村旅游商店的货品配备要结合光顾当地的游客需要而定，与当地所开展的旅游活动也有很大的联系，也要考虑到当地的特产等。例如，如果当地开展一些水上娱乐项目，那么游泳圈、泳衣等就可以作为商店需要配备的商品。一般情况下，乡村旅游商店可以考虑配备具有以下特点的旅游商品。

### 1. 便于馈赠和携带

旅游者在外出旅游过程中除了会购买旅游商品自用或留作纪念之外，还会有馈赠他人的需要，这在讲求礼尚往来的中国是非常普遍的。人们通常会在旅游结束后给身边的亲朋好友带来一些从当地购买的旅游纪念品，作为对彼此情谊的重视。因此，乡村旅游购物品要适合馈赠，同时，包装上要便于旅游者返程携带，尽量做到轻便简洁。

### 2. 实用性

虽然乡村旅游者来自不同的地区，也可能会有不同的爱好，但对旅游购物品实用性的要求是普遍的。旅游者在选购旅游购物品的时候，会注重商品的质量、功能和实用价值，如是否可以自用、收藏或馈赠亲友等，然后再考虑购买。乡村旅游地的土特产品和特色工艺品也会是旅游者喜欢的购买对象，这些商品通常对旅游者有较大的吸引力。

### 3. 纪念性

旅游者一般会倾向于购买具有典型地域特征和象征意味的旅游商品，以作为曾到某地旅游过的纪念或凭证。

### 4. 新奇性

求新猎奇是旅游者常见的心理之一，在乡村旅游中，旅游者也会对新奇独特的旅游商品产生浓厚的兴趣和购买欲望。因此，乡村旅游地的土特产品和特色工艺品也会是旅游者喜欢的购买对象，这些商品通常带有明显的地域特征，也会是当地风俗文化的一种展示，会对旅游者产生较大的吸引力。

### 五、乡村旅游商店的延伸服务

在乡村旅游活动中，游客对服务的需求是多种多样的，乡村旅游商店在向乡村旅游者出售旅游商品和提供售后服务之外，还可以提供一些相关的延伸服务，这既可以丰富自身经营内容，也能方便游客，还可以实现额外的经济利益。常见的延伸服务项目如下。

### 1. 参观服务

乡村旅游商店出售的旅游商品要么是当地特有的手工艺品，要么是土特产品，要么是旅游者日常所需的快消品。这些商品大部分具有一定的文化意味或审美特征，是当地风俗风物的一种展示，对旅游者而言也带有特定的审美意味，也是了解当地的民俗文化的途径之一。因此，对于采用前店后厂形式的旅游商店，可以借助资源优势给乡村旅游者提供参观了解工艺品制作的机会，还能向旅游者进行当地民间制作工艺的展示。

2. 寄存服务

旅游者外出旅游，一般都会随身携带行李，为了方便乡村旅游者购物或游览，乡村旅游商店可以结合当地游览项目的实际情况，设置相应的寄存物品的服务台，为乡村旅游者提供保管行李等服务。此项服务可以属于面向购物者的免费内容，也可以象征性地收取部分费用。寄存时要注意提醒旅游者把贵重物品随身携带，这样也可以减少一些不必要的麻烦，降低一定的风险。

3. 讲解服务

对于规模较大的综合性乡村旅游购物商店或购物一条街，可以视情况而定配备专门的讲解人员，为游客介绍商品的制作流程、发展历史、工艺特点、实用价值等内容，让游客能够对这些旅游商品有更深入的认识与了解。这种讲解，一方面可以起到宣传促销的作用；另一方面也可以让旅游者更加全面了解当地的传统文化和风俗习惯，在一定程度上刺激旅游者的购买欲望，有利于旅游商品的销售。

4. 学习服务

乡村旅游者一般也会对手工艺品的制作产生浓厚的兴趣。能够提供制作当地手工艺品设施的商店，也可以为旅游者提供学习体验的机会。对于简单且能即学即会的手工艺品，可以现场进行传授制作，制作完成的工艺品可以让旅游者购买带走。而复杂耗时的手工艺品制作，在旅游者居住时间较长的情况下，也可以选择恰当的时间集中进行培训。这既可以成为旅游者体验乡村旅游的一项参与性项目，也可以对当地民俗文化、传统技艺的传承传播发挥积极的作用。

5. 亲情服务

广大的农村地区一般都是民风淳朴、热情好客的，当旅游者来到乡村旅游区的时候，无疑会受到当地居民的热情欢迎。旅游购物商店可以在商品销售的同时增加一些小的亲情式服务项目，方便游客的旅途生活，使游客既能感受到家的温馨，也能体现纯朴的民风。例如，商店可以提供打气筒，供往来骑自行车的游客使用；商店门口接出来一个自来水管，可以让驻足的游客洗把脸、洗洗手；商店的门口也可以摆放几张板凳，让疲劳的游客歇歇脚，稍事休息；甚至在信息化发展的今天，提供免费的 WIFI 服务，方便旅游者及时了解网络信息……总之，这些微小的细节服务看似貌不惊人，但却能让旅途中的游客感受到浓浓的亲情意味，获得更好的旅游体验。

6. 咨询服务

乡村旅游者外出旅游，接触的是一个对他们而言相对陌生的环境，在旅游生活中很多方面都需要当地能够提供相关的咨询和解答。如果乡村旅游商店能够力所能及地帮助旅游者提供住宿、餐饮、旅游路线、交通票据的预订或购买方面的咨询的话，也能增加旅游者对于经营单位的好感，形成良好的口碑效应。

## 第三节　乡村旅游游憩设施的配备

### 一、乡村游憩设施的配备原则

#### 1. 原料取材天然，风格质朴

为了更好地体现原生态和乡野风格，建筑材料也应取材天然，或选用当地特有的建筑材质，体现地域特征。一般情况下可以选择原木质地、石材质地，甚至是秸秆稻草或海边地区的海草也都可以营造不同的建筑风格，还能带给游客天然纯粹的原生态体验。

#### 2. 设计体现乡土气息，展现乡村风貌

乡村游憩设施在外观设计方面要展示浓郁的乡土气息和地域风貌，能够对区域范围内整体景观起到点缀的作用。乡村游憩设

施不应等同于城市的现代化景观，应以乡村环境为依托，营造出传统农耕社会的乡野之趣、田园之乐，保留单纯、质朴的乡村审美意味。

### 3. 注重与自然或人文环境的契合度

乡村游憩设施应秉承师法自然、天人合一的传统理念，体现出建筑与自然的高度和谐。游憩设施要兼具实用与美观的双重功效，而所谓的美观并不是奢华铺张，而是可以与当地的自然或人文环境融为一体，能够成为地域乡村风貌的展示载体。因此，在建筑设计时，除了要在选材上体现乡土气息，在格局样貌上也可以融入当地民俗文化中的一些特有元素。

## 二、乡村游憩设施的基本配置

乡村旅游的配套游憩设施，应充分结合乡村的自然条件和环境资源，综合考虑游客的游览活动特点，然后进行合理的配置。一般而言，基本的配置内容包括：观景平台、凉亭、休憩桌椅、景观廊道、消遣性活动设备、露营区、烧烤设施等。

### 1. 休憩桌椅

休憩桌椅是满足乡村旅游游客休息需要的最基本配置，也是乡村旅游区的重要构成元素。为了能够给游客提供舒适干净、稳固美观的休憩环境，休憩桌椅在外观设计、位置设立、材质选择等方面都要综合考虑（图4-2）。

首先，休憩桌椅在外观上应符合人体的生理需求，从高度、宽度到靠背以及表面处理等方面都要有科学的设计，座椅表面与靠背要适合人体曲线，以为游客提供舒适的乘坐环境为基本原则。

其次，从座椅的配置而言，方位上应采用面对面或垂直排列，以增加交谈或互动的机会。在设立位置的选择上，可以在乡村旅游区的步行道、广场等适当位置安置座椅。在可能的情况下

图 4 -2　休憩桌椅

搭配树木或墙壁等元素能为游客营造较为安稳的氛围。另外，座椅最好能选择在树荫下设置，或配备独立的遮阳伞，以满足遮阳或避雨的需求。

最后，桌椅在材质选择上应尽量配合乡村旅游区内的自然环境特性，采用天然材质，如木料、石料、藤制品等，使其能够与周围环境相得益彰，体现美观与实用兼顾的原则。

2. 其他游憩设施

乡村旅游区中还可以根据自身情况，配备一些其他的游憩设施，例如，消遣性的活动设备，如秋千、吊床等，以增强设施的娱乐性和实用性，更好地满足旅游者的多样化需求。

3. 观景平台与凉亭

观景平台和凉亭的主要功能都是为游客在游览过程中提供短暂的休憩场所，休憩的同时还能够观赏到特殊的景观。一般情况下，凉亭具有遮阳避雨的功能，也是风景中的一种点缀。因此，凉亭的建造要兼具实用性和观赏型。而观景平台适于选择在视野开阔、景色怡人的特殊地点，可让游人在游览过程中止步于此，赏景小憩。

一般情况下，凉亭的造价相对较高，且对地形条件要求较高，而观景平台则相对简易，但需留意做好安全防护的设施和提醒。在乡村旅游建设中，可综合考虑修建成本和游客休憩需求两方面，观景平台与凉亭相互结合使用。此外，在外观设计与主材选择方面，可以木材、石材等天然材质为主，体现质朴、原始的乡土气息。

#### 4. 景观廊道

景观廊道在旅游景观中属于线状或带状的景观要素，廊道既能将不同的游览区域进行有机的连接，还能方便游客开展游览活动。廊道一般可以选址在两处景观的过渡地带，要兼顾赏景观景和游中休憩等功能，也要体现对现有景观的装饰或点缀，同时，最好还能配备相应的遮阳顶棚和休息连椅等。

### 三、乡村旅游指示介绍系统的建设

在乡村旅游的游览设施中，也需要配备相应的指示介绍系统，对游客的游览活动进行指导说明，或者让游客对相关的资源有更进一步的认识与了解，同时，还能唤起游客的环保意识，有效地保护当地的自然环境和历史遗址（图4-3）。

#### 1. 乡村旅游指示介绍设施的功能

在乡村旅游中的指示介绍设施，一般具有以下3种功能：指引方向功能、资源说明功能及警示功能。

其中，具有指引方向功能的指示牌是乡村旅游区的重要设施之一，游客可以在游览方向的标示引导下开展游览活动，确定行走路线。而具有资源说明功能的介绍设施则是主要针对乡村旅游区的特殊资源、视觉景观以及全区资源分布情况提供介绍和导览，方便游客全面了解各类游览信息。具有警示功能的指示牌则

**图4-3　乡村旅游指示**

会放置在可能危及游客人身安全的地点，给予游客相关的安全提醒。

2. 乡村旅游指示介绍系统的种类

（1）静态的指示或介绍设施。静态的指示或介绍设施是指主要以文字、图片、模型标本等制作而成，实现信息资讯的传达。一般而言，静态的指示或介绍会涉及当地游览中的指示信息、特色物产的介绍、游览项目的介绍、特色工艺品的制作工艺介绍等，通过这些资讯的传递，一方面能够对游客的游览行为进行引导；另一方面也能加深他们对当地特有资源的认识与了解，激发参与的兴趣或购买的兴趣。

（2）动态的指示或解说设施。动态的指示或解说设施是以讲解员的实地讲解或以多媒体、视频录像、语音播放等作为解说介绍的形式，通过声情并茂的讲解或图文并茂的展示，与游客在互动中进行沟通．并将资讯信息传递出去。实地的口语讲解是动态解说的常见形式，有时是由专职的讲解人员负责，有时则是由游览活动中的参与者，如正在制作中的手工艺匠人等进行即兴讲解与介绍。除此之外，还可以利用现代化的技术手段，通过LED

显示设备进行文字图片或视频的播放，达到指示或介绍的目的。

3. 乡村旅游指示介绍设施的常见形式

（1）解说牌。解说牌通常会设置在重要入口处或景观之前，用以进行旅游区概况的介绍、路线导览或该处景观景象的具体介绍。解说牌要易于看见且不破坏景观的整体美感，大小适中，内容简洁易懂，能够吸引游客的注意。解说牌的材质选择比较广泛，金属、石材、木材、陶土、塑胶等都可以。在材料选择时要综合考虑设置的地点、当地的气候、原始生态等因素，尽量能够持久耐用，不易被破坏。

（2）指示牌。指示牌通常设置在容易造成游客混淆的行进路线中，指示牌除了要指明方向之外，还应标示剩下的路程、行进的大致时间，甚至在高海拔地区还要标示海拔高度等信息。指示牌在设计制作上多以符号或简洁的文字为主，易于让游客辨识。在选材方面要考虑到露天环境下可以承受风吹雨淋日晒，能够持久耐用，同时，还应与周围自然或人文环境相融合。

## 第四节　乡村旅游的环境保护

### 一、乡村旅游生态环境污染源

1. 生活垃圾和旅游活动污染

随着乡村旅游的开发和发展，生活用水量在增加，排出污水污染浓度也在增加。生活垃圾主要有村民自身日常生活垃圾、为游客提供饮食服务而产生的大量餐饮垃圾以及游客抛弃的大量不可降解的固体垃圾。

2. 噪声污染

旅游乡村一般相对偏僻，环境静谧，随着游客的纷涌沓至，机动车的发动机声、游船的马达声、卡拉 OK 和歌舞的喧闹声以及游客的喧哗声等打破了乡村生活的宁静，不仅影响了乡村生态旅游的休闲质量，还影响了动植物的生长和繁衍。

另外，数据表明，89.92%的游客喜欢自驾游，自驾游也成为游客出行的基本方式。旅游活动中，大量汽车碾压、尾气、也会形成污染。还有游客随意采摘、践踏草地农田造成的植物损伤、土壤板结等。

### 3. 建设项目污染

乡村旅游已经进入一个升级换代的时代，乡村旅游产品也升级转型，以应对越来越多元个性化的市场需求，乡村旅游地的开发要求及条件逐步提高，乡村旅游景点的内容需求呈现多元化趋势。游客要求越高，需要建设的项目也就越多。

建设项目污染是指在乡村旅游开发和发展阶段对食宿、娱乐、游道、养殖等设施进行建设或扩建时对环境造成的破坏和污染。

另外，由于城市文化的侵入，乡村传统建筑风格被城市化、西洋化、豪华化，往往与乡村传统文化、自然景观并不协调而造成了视觉污染，丢失了地方特色，丧失了乡村旅游吸引力。

### 4. 社会环境污染

乡村旅游为当地经济发展、农民增收致富和社会文化进步作出积极贡献，但对当地的传统文化和社会环境也造成不同程度的负面冲击。乡村旅游的商业利益也刺激甚至扭曲了村民淳朴、厚道的民俗民风，滋生了不健康的经营意识。另外，游客的非文明举止行为，败坏了当地社会风气，影响了当地旅游的正常秩序和正面形象。

## 二、乡村旅游生态环境保护措施

### 1. 有序有理有节制

将乡村旅游纳入有序的管理范围是解决乡村环境问题的基

础。加强乡村休闲旅游建设有序的开发，贯彻对生态资源环境保护的原则。

乡村旅游景区的开发与建设要兼顾对资源与环境的保护，对景区内新建项目要进行环境评估，严格控制各种宾馆、餐饮、歌舞厅等旅游服务设施在景区内发展，在必要地段可实行封山育林，保护景区生态平衡，促进乡村旅游有序、持续发展。

### 2. 自然资源合理利用

调查表明，自然风光是乡村旅游吸引游客的重要因素之一。没有良好的自然风光和环境为依托就没有乡村旅游的可能性。植被的保护要防患于未然，在旅游开发阶段要做好科学规划，尽量避免植被的大范围破坏。因势利导，资源优化、合理利用，保护好现有的自然风光不被破坏，达到和谐与自然的统一。

### 3. 环境承载能力布局预警制

休闲旅游的环境包含社会、经济、自然环境在内的复合环境系统，需在旅游环境和承载能力内去做旅游的规划方案。风景区的环境容量，包括对污染物的净化能力和对旅游人群的承接能力。对乡村环境状况随游客人数增减而产生的变化要实时监测并及时反馈，使景点的美学价值的损减，原生态系统的破坏，环境的污染减到最低值，测定承受旅游的接待人数。

### 4. 增强意识加强观念

乡村旅游发展打开了乡村的封闭性，外来游客带来的风俗和文化对乡村社会环境影响潜在而深远。在思想意识上重视起来，加强思想教育。把真正的乡村休闲生态旅游当成是一种崇尚自然、保护自然的旅游教育活动。

【拓展阅读】

## 休闲农业园的规划设计阶段

1. 项目建议书

项目建议书（又称立项申请）是项目建设筹建单位或项目法人，提出的园区建设项目的建议文件，是对拟建园区提出的框架性的总体设想。园区项目建议书是项目发展周期的初始阶段，是相关政府部门选择项目的依据，也是可行性研究的依据。

休闲农业园区项目建议书的主要内容：总论；项目提出的必要性和条件；项目建设方案，拟建规模和建设地点的初步设想；投资估算、资金筹措及还贷方案设想；项目的进度安排；经济效果和社会效益的初步估计，包括初步的财务评价和经济评价；环境影响的初步评价，包括治理"三废"措施、生态环境影响的分析；结论；附件。

2. 可行性研究报告

休闲农业园区可行性研究报告是园区建设投资之前，从经济、技术、生产、供销直到社会各种环境、法律等各种因素进行具体调查、研究、分析，确定有利和不利的因素、项目是否可行，估计成功率大小、经济效益和社会效果程度，为决策者和主管机关审批的上报文件。

休闲农业园区可行性研究报告的主要内容：项目总论；项目背景；市场预测与分析；项目地点的选址；项目规划建设宗旨与目标；项目总体方案设计；项目总投资估算与资金筹措；项目的组织与管理；项目效益评价；可行性研究结论与建议；附件。大型园区规划建设需单独做环境影响评价。

3. 总体规划

休闲农业园区总体规划是确定休闲农业园区的性质、范围、总体布局、功能分区、总体定位、产品发展方向和设施布置，规定农业保护地区和控制建设地区，提出园区发展目标原则以及规划实施措施。

休闲农业园区总体规划内容主要有以下几个方面。

（1）分析休闲农业园区的基本特征，提出园区内资源评价报告。

（2）确定休闲农业园区规划依据、指导思想、规划原则、园区的性质与发展目标，划定园区范围。

（3）确定休闲农业园区的功能分区、结构、布局等基本框架，提出园区环境保护规划。

（4）制定休闲农业园区的旅游产品和市场营销规划。

（5）制定休闲农业园区的游憩景点与游览线路规划。

（6）制定休闲农业园区的旅游服务设施和基础设施规划。

（7）制定休闲农业园区的土地利用协调规划。

（8）提出休闲农业园区的规划实施措施和分期建设规划。

4．详细规划设计

休闲农业园区详细规划设计是在总体规划的基础上，对园区重点发展地段上的土地使用性质、开发利用强度、环境景观要求、保护和控制要求、旅游服务设施和基础设施建设等作出控制规定。详细规划设计分为控制性详细规划和修建性详细规划。

（1）控制性详细规划设计内容

①确定园区规划用地的范围、性质、界线及周围关系。

②分析园区规划用地的现状特点，确定规划原则和布局。

③确定园区规划用地的分区、分区用地性质和用途、分区用地范围，明确其发展要求。

④规定各分区景观要素与环境要求、建筑风格、建筑高度与容积率、建筑功能、主要植物树种搭配比例等控制指标。

⑤确定园区内的道路交通与设施布局、道路红线和断面、出

入口位置、停车场规模。

⑥确定园区内各项工程管线的走向、管径极其设施用地的控制指标。

⑦制定园区相应的土地使用与建设管理规定。

（2）修建性详细规划设计内容

①建设条件分析及综合技术经济论证。

②做出建筑、道路和种植区等的空间布局和景观规划设计，布置总平面图。

③道路交通规划设计。

④种植区系统规划设计。

⑤工程管线规划设计。

⑥竖向规划设计。

⑦估算工程量、总造价，分析投资效益。

5. 休闲农业园区规划分区

根据休闲农业园区综合发展需要，因地制宜地设置不同功能区。各地休闲农业园区规划分区大体上包括入口区、服务接待区、科普展示区、特色品种展示区、精品展示区、种植体验区、引种区、休闲度假区、生产区、设施栽培区等10个区。

简单的休闲农业园区包括入口区、服务接待区、种植采摘区、生产区等四区。

（1）入口区用于游客方便入园的用地，游人在此换乘园内的游览车入园。大型休闲农业园区一般规划建设 2~3 个入口。主入口区包括入口牌坊、入口停车场、服务建筑、导游牌、假山水池等。

（2）服务接待区用于相对集中建设住宿、餐饮、购物、娱乐、医疗等接待服务项目及其配套设施。入园后首先到达服务接待区，作为园内的过渡空间，游人将在此做短暂停留，做好入园的准备。此区可规划建设办公楼、游客服务中心、农业文化展示室、停车场等。

（3）科普展示区是为儿童及青少年设计的活动用地，以科学知识教育与趣味活动相结合，具备科普教育、电化宣教、住宿等功能。是为儿童及青少年设计的活动区，休闲农业园科普展示区可广泛收集、整理、保存、介绍园区内农作物的品种、栽培历史、文化知识，结合青少年的活动特点，以科学知识教育与趣味活动相结合，进行知识充电和娱乐健身。

（4）特色品种展示区　本区以各种不同的具有当地特色的农产品种植展示区，为观赏性较强的品种展示空间。本区以各种不同的果品栽培架式、不同的材料加以形式上的改造，形成形式多样，观赏性较强的园林景观。

（5）精品展示区为精品农业种植区，可满足高端层次观光采摘者的要求。精品展示区展示精品农业的同时，还可结合传统的园林艺术设计手法和盆景艺术制作技法，利用廊架、篱架、棚架等不同架式的排列组合来分割组织景观空间。

（6）种植体验区此区面积最大，是休闲农业园的基本用地。在景观营造上应保留农田景观格局，在不破坏农业景观的基础上规划建设适当的园林小品和游憩采摘道路。在此地人们通过认养果树的方式，选择性地参与农业生产的施肥、剪枝、疏花、疏果、套袋、采摘等各项技术劳作。种植体验区栽培各种蔬菜及瓜果类植物，增加采摘的多样性和趣味性。此外还可开辟出小范围场地作为认养区，让人们通过认养果树的方式增强环保意识。认养后游人可选择性地参与果树剪枝、疏花、疏果、套袋、采摘、入窖等各项技术劳作。

（7）休闲度假区主要用于观光休闲者较长时间的观光采摘、休闲度假之用地。休闲农业园在合理的园区土地利用控制上可适当建设度假木屋、度假小别墅等住宿设施，延长游客在园区内停留的时间，增强休闲农业园的休闲度假功能。

（8）引种区引进和驯化国内外优良的果品品种，建立优良的农产品品种引进、选育和繁育体系。引进国内外不同成熟期（极早熟、早熟、晚熟、极晚熟）和不同颜色（红色、绿色、紫色、褐色品种）的优质农产品，对抗性强的品种进行适应性、抗性等方面的观测，选育适合当地生长的优良品种进行繁育。

（9）生产区从事传统农业生产的区域，在园区其他功能区农产品供给量不能满足游客时可开放，生产区在景观建设、管理方面比其他分区要粗放。

（10）设施栽培区进行农作物设施栽培的区域，北方地区的休闲采摘园多设有设施栽培区，目的是通过果品的反季节栽培，让游客在果品的非正常成熟季节采摘到新鲜的果品。

# 第五章　乡村旅游的开发

## 第一节　乡村旅游的开发模式

### 一、分散、自主经营模式

分散、自主经营模式就是由乡村旅游资源的所有者来直接经营，在自发的基础上，由各个业户以单体业户为单位，分散地自主经营，项目的所有权、经营权合一，而不再通过委托或者租赁等方式交给外来企业经营。

优点：有利于调动个体户的经营和管理的积极性，他们会充分发挥自己的聪明才智把项目经营好。可以有效避免与外来者的冲突。

缺点：第一，受乡村旅游资源经营者自身在经营观念、经济实力等方面的限制，面对竞争，可能会出现无力应对的局面。第二，资金有限，可能无力扩张。

### 二、整体租赁模式

整体租赁模式是指一个旅游的景区内，将景区所有权与经营权分开，授权给一家企业进行较长时间控制和管理，成片地租赁开发，垄断性地建设和经营及管理，按约定的比例由所有者和经营者分享经营的收益。

优点：一个乡村的旅游景区或项目被一家企业承包经营，充分发挥企业在经营管理的优势，将乡村的旅游产品较快地推向市场。

缺点：地方政府、景区管理机构、景区投资企业和当地居民中，任何不合作的一方都有可能破坏和谐。它将资源的所有权和经营权分离，并将经营权进行较长时间的转让，突破了现有的管理体制和要求，在目前尚没有明确法律规定前提下，依然要承担较大政策风险。

### 三、"公司＋业户"模式

"公司＋业户"模式就是以公司（经济实体）、科研单位、各类农民技术或专业协会为龙头，以一系列的社会服务带动农村千家万户进行商品生产的方式，公司和农户签订合约，把生产环节交给农户去做，而市场和销售环节交给公司去处理，这样公司和农户两者优势互补。

优点：该模式可以解决家庭联产承包责任制实施过程中出现的农户小规模经营与市场经济条件下的大市场运作之间的矛盾。经济实体拥有农村单个经济组织和农民个体不具备的资金、技术、人才、设备等方面的优势，有利于提高农业生产的技术层次，有利于提高农民的技术、文化素质。这种模式还可以克服了业户不懂市场的弊端，也解决了公司不易打入乡村内部的短处，还可以扩大当地村民就业。

缺点：能够与农户进行合作的公司的数量比较少，使得农户对合作伙伴的选择余地有限；公司通常处于优势地位，而农户处于弱势地位，农户在与公司进行谈判时处于不利地位。

### 四、"社区＋公司＋业户"模式

"社区"是指作为社区代表的乡村旅游协会，由全部乡村旅游经营业户参加，一户一名代表，其职权相当于旅游公司董事会，决定村内一切有关乡村旅游开发的重大事件、任命并考核、监督旅游公司管理人员、审查财务状况等。"公司"是指的村办企业要接受协会委托，具体负责本村乡村的旅游经营。"业户"作为具体服务的单元，接受公司安排接待游客，定期与公司结算。

优点：第一，能充分保障开发成本和利益均衡分配，村办的企业只是管理和营销的机构，并不从事直接接待和服务，业户则是提供服务的主体，这就能充分地保障经营业户收益。第二，乡村文化能得到较好保护与传承，再次，社区、公司、业户间相互制约关系有利于管理过程的公平、公正，三者之间权利、责任明确后，彼此监督，相互合作，实现共赢。

缺点：村办的企业规模有限，资金实力不足，在后续扩张与产品的更新换代时可能出现问题。公司权力的过于集中，在利润的分配时，可能与村民间发生争执。

### 五、"村办企业开发"模式

"村办企业开发"模式是由村一级"村有的企业"开发、经营的模式，实际上是由村委会主持的。

优点："自家产业"，积极性较高，开发时能把一些真正体现当地特色的东西留下来；开发过程中，"自家人"容易沟通。

缺点：第一是资金方面的限制，如果村子不太富裕，不能募集到足够资金，项目规模的扩大和水平的提高，会受到直接影响；第二是管理水平的有限，服务水平的可能不高，需要外界干涉。

### 六、其他的乡村旅游经营模式

还有一些其他的产业组织模式，但都可以说是上述五种模式的变通与创新。如"农户+农户"的模式、"政府+公司+农村旅游协会＋旅行社"的模式和"政府＋公司＋业户"的模式。

乡村旅游的 5 大特点。

### 1. 独特的活动对象

我国乡村地域广大辽阔，种类多样，加上受工业化影响较小，多数地区仍保持自然风貌，风格各异的风土人情、乡风民俗，乡村旅游活动对象具有独特性特点，古朴的村庄作坊，原始的劳作形态，真实的民风民俗，土生的农副产品。这种在特定地域所形成的"古、始、真、土"，具有城镇无可比拟的贴近自然的优势，为游客回归自然、返璞归真提供了优越条件。

### 2. 分散的时空结构

中国的乡村旅游资源，上下五千年，十里不同俗，且大多以自然风貌、劳作形态、农家生活和传统习俗为主，受季节和气候的影响较大。因此，乡村旅游时间的可变性、地域的分散性，可以满足游客多方面的需求。

### 3. 参与的主体行为

乡村旅游不仅指单一的观光游览项目和活动，还包括观光、娱乐、康疗、民俗、科考、访祖等在内的多功能、复合型旅游活动。乡村旅游的复合型导致游客在主体行为上具有很大程度的参与性。乡村旅游能够让游客体验乡村民风民俗、农家生活和劳作形式，在劳动的欢快之余，购得满意的农副产品和民间工艺品。

### 4. 高品位的文化层次

乡村文化属于民间文化，因乡村绚丽多彩的民间文化具有悠久历史和丰富内涵，致使乡村旅游在文化层次上具有高品位的特点。乡村的各种民俗节庆、工艺美术、民间建筑、民间文艺、婚俗禁忌、趣事传说等，赋予深厚的文化底蕴。由于乡村社区的这种"浓厚的区域本位主义和家乡观念特色的非规范性"，使民间文化具有深刻的淳朴性和诡秘性，对于城市游客来说，具有极大的诱惑力和吸引力。

5. 可持续的旅游发展

由于现代乡村旅游融乡村自然意象、文化意象和现代科技于一体，旅游发展与农业生产于一体和城市旅游与乡村旅游于一体，因而是可持续旅游。

# 第二节 古村落旅游开发

## 一、古村落旅游资源

### 1. 古村落旅游的主要资源

（1）古村落建筑的文化。我国古代建筑文化博大精深，多姿多彩，在我国旅游资源中占有重要地位。而我国古村落的建筑文化以其类型多样的特征，成为我国古代建筑文化最重要的组成部分，同时，也是构成古村落旅游资源的主体。中国的传统村落大多立意构思巧妙，从自然现象的概况中寻求象征吉祥的抽象概念，创造出有激发力和想象力的乡土环境的独特意境，充分体现了中国古代耕读社会文化的形态特征。古村落在建筑文化方面追求天人合一，讲究风水，尊重封建礼制，经过了与环境、社会、文化的长期适应，在建筑特色上全国各地各不相同，多种多样。因此，我国古村落建筑文化具有很强的旅游吸引力。总的来说，我国古村落建筑文化作为古村落旅游资源的主要构成，通过显性的物化古文化景观和附属在古文化景观上的建筑文化内涵来体现（图 5-1）。

（2）名人文化和事件。由于古村落建村历史较长，重视文化教育和商业，因此在其发展过程中，会或多或少地出现一些历史名人，这些历史名人都会由于自身影响力，给古村落的历史增添光彩。根据名人影响力的大小，可以分为世界级、国家级、区域级和地方级四个级别，如孔子和毛泽东，由于其巨大历史影响

**图5-1 古村落建筑**

力，曲阜孔府和毛泽东故居都成为闻名于世的旅游资源。因此，我国许多古村落的历史名人也是古村落旅游资源的有机组成部分，对古村落旅游影响力和提升知名度有很大作用。浙江省诸葛村是诸葛亮的后人聚族而居的村落，因此，诸葛亮的名人效应有效地宣传了该村，村内祭祀诸葛亮的祠堂是标志性建筑。此外，在一定时期内，发生在村落内部的各种历史事件，对提高古村落的知名度和旅游文化内涵也有较大的作用。

（3）民俗风情文化。目前，我国在古村落旅游资源的认识及开发方面，重视有形的文物建筑，忽略了无形的人文资源。古村落之所以有价值，不仅仅在于其留下的独特的地面文物建筑，而且还因为它所包含的丰富的原汁原味的中国乡村民俗文化和伦理宗教资源。民俗文化也是古村落旅游资源的重要组成部分。

村落民俗文化是根植于本地本族，依赖本地本族存在的民间文化。它是村民心理的折射、习俗的汇集、愿望的表达和智慧的凝结。因此，村落文化有着浓郁的乡土气息和鲜明的个性特征。主要有地域性、自发性、传承性、适应性等特征。相对于其他现代村落，古村落保存了更加真实的民俗文化特征。根据民俗文化在旅游活动中所处的地位和作用以及民俗文化的各种表现形态，可分为节日文化、游艺文化、礼仪文化、生活文化、工艺文化、制度文化、信仰文化等。总之，古村落的民俗风情文化主要通过饮食、服装、戏剧、婚俗、礼仪、民歌、节日茶文化、传统制造加工、传统家具、民间神话传说、民俗等具体表现出来。

2. 古村落旅游资源的特征

古村落作为一种难得的旅游资源，以各种自然和人文景观为载体，包括一切能够吸引旅游者的人类古村落物质和精神文化的成果，带有鲜明的特殊旅游资源特征。

（1）古老性。古村落的建村时间一般都较长，最少百年以上，多的有上千年历史。有的是通过经营村落特有的自然资源（如矿产、竹木、粮茶等）或工艺（如纺织等）积累资本后发展形成，有的是一定的商业经济发展后形成的特殊农村社会，有的是经济基础殷实的官员、富商返乡后主导进行的村落建设。现存的古村落多为明清时期遗留下来，主要分布在近代以来交通闭塞、经济落后的山区。作为当代的真实生活场所，古村落保持了一定的传统生活内容和传统生活氛围，是历史文化的活见证。

（2）封闭性。首先，现存古村落在建村格局上体现着明显的封闭格局，多数古村落地处偏远的地区，位于交通地图的终端，一般只保留一条主干道路与外界相连，与外界交流交往甚少。我国第二批历史文化名村山东省章丘市官庄乡朱家峪村，自明初至今历经600年的历史沧桑，较完整地保留着原有的古朴风貌和建筑格局，村内清泉长流，自然环境优美，古建筑遗存丰富，有祠庙、楼阁、石桥、故道、古泉等大小景点80余处。

地理环境的封闭，缺乏对外交流使它未受到大中城市那样的强烈冲击，在自然衰落中保持了古老的物质形态、生活形态、文化形态。同时，这种封闭性还体现在许多古村落都是由一个宗族聚居而成，一般是一村一姓或一姓多村，它们形成了以血缘和婚姻连接成的血缘群体和邻舍守望相助的地缘群体这2种主要的群体关系使村落中人口流动率降到最小，活动范围受地域限制，富有强烈的地缘性。

（3）独特性。古村落是在漫长历史的背景下，于特定的环境中逐渐形成的，包括历史背景、自然环境、地理环境、社会文化、政治经济等多元因素，每一个古村落在形式和机能上，都充分体现出特色区域文化特征，集成独特的文化内涵，如徽派古村落具有大家风范，自然古朴，隐蔽典雅，江南古村落小巧精致，文化氛围浓郁，而北方山地古村落则体现出平易自然、朴素无华的内涵，多就地取砖、石、土坯、草木等作为建筑材料，村落依山就势而建，即使富裕和书香之家也不追求排场，院井根据地势巧妙布局，在质朴中显示出书卷气。

（4）完整性。古村落在经历了传统社会昌盛期后，在经济、社会、文化、地理和技术等变革的影响下，进入休眠状态的衰落期。但文化古村落中居民总的生产、生活条件变化尚小，农耕和血缘自然村这2个相互连接的基本条件并没有改变，人口高度固定，所以，传统文化在文化古村落中的保存是连续性、较系统的，融化在村民生产、生活的人居环境中，包含着与村民相关的所有物质和精神文化，是一个完整的人类生态系统。

（5）脆弱性。古村落的形成对自然禀赋和社会遗赠依赖很强，任何自然生态环境和旅游资源的破坏，都会对当地的旅游业产生毁灭性的打击。当前古村落旅游在可持续发展中出现的问题，一方面是景区自身管理的原因；另一方面是来自外部的原因，如游客造成的环境污染，现代化生活方式带来的改变，甚至自然灾害等方面的原因。

## 二、古村落旅游开发的形式

我国的古村落旅游开发主要有 3 种形式。

### 1. 旅游景区

依托古村落中遗存的历史古建筑和名人故居，开发博物馆、纪念馆、陈列馆等人文景点，或者依托古村落周边的山水资源和自然景观，开发自然景观型旅游景点，再配套必要的基础设施和服务设施，成为收费式的古村旅游景区，是中国古村落旅游开发的主要形式。

截至到 2014 年年底，我国 186 个 5A 级景区中依托古村落开发的有 6 个，占全国总数的 3%，分别是安徽西递-宏村景区、龙川景区、古徽州文化旅游区、江西江湾景区、福建土楼（永定·南靖）景区、山西皇城相府景区。这些景区代表古村落旅游景区开发的最高水平，成为所在区域的旅游龙头和开发典范。除此之外，还有一批古村落经过多年的旅游开发，现已成为区域旅游产品的重要组成部分，如依托中山市南朗镇翠亨村开发的孙中山故居景区，依托歙县郑村镇棠樾村开发的棠樾牌坊村景区，依托咸阳市礼泉县烟霞镇袁家村开发的关中印象旅游区，这些景区现在都已是 4A 级旅游景区。

### 2. 农家乐

一批位于大城市郊区、交通可达性良好、生态环境优良的古村落，以农家乐为主要旅游开发形式，吸引大城市居民到乡村休闲，在周末和节假日表现尤为突出。陕西省咸阳市礼泉县烟霞镇的袁家村、北京市门头沟区的琉璃渠村、浙江省杭州市桐庐县江南镇的荻浦村，是其中的典型代表。与古村旅游景区以观光为主、以门票收入为主不同，农家乐型古村落通常不收门票，主要通过为市民和游客提供餐饮和住宿来获得收益。

【相关链接】

## "陕西丽江"——袁家村

    位于咸阳市礼泉县烟霞镇的袁家村，距离西安市区约70km，距著名的唐昭陵只有4km，邻近旅游景点和大城市。20世纪70年代以前的袁家村，是当地出了名的贫困村。2007年，村集体投入资金大力发展旅游业，建立了唐保宁寺和一座占地110亩集娱乐、观光、休闲、餐饮于一体的关中印象体验地以及村史博物馆，同时，还发展了40户农家乐。发展至今，袁家村旅游主要包括2个区，一个是关中民俗旅游区，该区主要由关中民俗街和美食街构成，游客在这不但可以体验原汁原味的关中民俗，还能品尝到货真价实的地方美食；另一个就是农家乐接待区，包括几十家休闲农家经营户，为游客提供住宿和餐饮服务（图5-2）。

图5-2　袁家村

经过多年的发展，袁家村的游客接待人次从 2008 年的 10 万人次到 2013 年的 150 万人次，实现了跨越式发展。近年来，袁家村又相继开发了马术俱乐部、阿兰德会所、生态农场等现代休闲项目，旅游产品业态更加丰富。2014 年国庆和春节"黄金周"期间，袁家村单日的游客接待量突破 10 万人次，成为了陕西乡村旅游名副其实的龙头。虽然已经被评为国家 4A 级旅游景区，但袁家村依然是一个"免费"（不收取大门票）的旅游景区，这在北方地区主要依赖门票收入的旅游景区中独树一帜，被游客誉为"陕西的丽江"。

### 3. 度假村（区）

随着富裕阶层和中产阶级的兴起，游客的需求越来越多元化、对旅游品质的要求也不断提高。近年来，古村落旅游开发涌现出一种新形式——度假村（区）。不同于古村落旅游景区和乡村农家乐以接待大众客群为主，度假村（区）主要接待"小众游客"——对传统文化有偏好、对服务品质要求高、价格承受能力强的中高端游客；度假村（区）的开发主体，通常不是古村落的原住民，而是"新村民"——外来的文化型企业或高知分子。

【相关链接】

## 猪栏酒吧——文化度假村典范

安徽黟县碧山村猪栏酒吧是高知分子进行古村落开发的典型案例。2004 年，一对上海的诗人夫妇来到黟县旅行采风，因为酷爱当地的乡村风光和历史文化，在黟县西递镇西递村东仁让里（西递景区内）购下一幢快要倒塌的三层明代民居，并按照自己的理念进行改造，作为隐居的居所和接待朋友的客栈。改造后的客栈只有 6 个房间，一楼是 3 间客房和微型酒吧，二楼是 3 间客房和书房、音乐厅、露天阳台，三楼是可览西递全貌的观景台。由于一楼的小酒吧由原来的猪栏改建而成，故题目将客栈命名为猪栏酒吧 PIG'S INN（现在称为猪栏一吧）（图5－3）。

**图5－3　猪栏酒吧**

猪栏酒吧一经推出，很快便在国内外有了不小名气，法国大使、瑞士大使、法国名演员朱丽叶和国内不少文艺界、商界名人纷至沓来，《纽约时报》、BBC、法国著名杂志等媒体也竞相报道，很多外国游客不远万里慕名而来，导致猪栏酒吧经常处于一房难求的状态。之后，这对夫妇又在碧山村收购了一栋清末民初的建筑，改造出9个房间和更多的公共空间，成为第二个猪栏酒吧，简称猪栏二吧。最近，艺术家夫妇又将碧山村一个废弃的古代榨油厂收购下来，正在改造建设第三个猪栏酒吧，客房数达到19个……猪栏酒吧的平均房价在800～1 000元，远高于村民开发的农家乐50～100元的房价，但猪栏一吧、猪栏二吧从开业至今，一直供不应求。

### 三、古村落旅游开发的制约因素

虽然我国古村落开发已经有了一定的发展，但纵览总体还处于起步阶段，旅游开发的比例很低，还存在许多影响古村落开发的制约因素。

1. 交通闭塞，可达性差，在途时间成本高

古村落之所以能够在城镇化的浪潮中保留下来，主要是因为交通偏僻而得以幸免。交通的闭塞，一方面使很多古村落成功躲过了城镇化浪潮；另一方面也成为古村落旅游开发的直接障碍。偏僻的交通区位、落后的道路设施、薄弱的交通服务，导致游客的在途时间成本高、旅行舒适性差，大多数游客因此"望路生畏"。

2. 保护和修复前期资金投入大，开发经营压力大

绝大多数的古村落，由于村集体资金非常有限、村民个体的财力非常薄弱，几乎没有资金投入古村落的整体保护与古建筑的修缮修复。

古村落的旅游开发，第一步首先就要进行古建筑的修复、村容村貌的整治、基础设施和服务设施的完善，而这些都需要大量的前期资金投入，超出大多数村集体、个人或企业的承受能力。

以旅游开发成功标杆的袁家村和皇城村为例，皇城村的旅游开发依靠村集体企业——以煤炭产业作后盾的皇城相府集团进行大量的先期投入，袁家村的旅游开发同样依靠村集体企业——袁家农工商联合总公司前期的大量投入。

如果没有实力雄厚的村集体企业作为后盾，皇城村和袁家村的旅游开发将会是一个未知数。

与此类似的案例包括江苏江阴华西村、江苏张家港永联村、浙江奉化滕头村、浙江东阳花园村等新农村，先期都是通过村集体企业的资金投入来发展旅游。由于旅游开发起点高、旅游产品

质量好，满足了旅游市场的需求，旅游开发取得了良好的经济效益和社会效益。

### 3. 专业人才缺乏，旅游开发层次较低

大部分进行旅游开发的古村落，开发主体通常都是村集体成立的旅游开发公司。由于古村落缺乏专业人才，加上人才引进意识薄弱，人才引进力度有限，导致村集体旅游开发公司的旅游开发、经营管理人才奇缺，造成旅游开发的步伐非常缓慢、旅游开发的水平总体低下，难以适应客源市场不断升级换代的旅游需求。

但是，随着入境旅游者数量的下降、境外旅游团探秘热的消退，村集体旅游开发公司没有及时调整发展方向，没有针对蓬勃发展的国内旅游市场需求进行新产品开发，郎德旅游走向下坡路，至今已经陷入停滞状态。

### 4. 复杂的产权关系与相对不规范的营商环境

古村落旅游开发依托于古村落风貌建筑和人文环境，在村落保护、旅游开发、经营管理中，必然涉及大多数村民的生产和生活，与村集体公共利益和村民个人利益有着千丝万缕的关联。

### 四、古村落旅游开发基本思路

### 1. 政府主导，规划先行，避免盲目化

古村落旅游起步晚，各地发展不平衡，因此，各级政府要坚持"多予少取放活"的方针，加大政府导向性投入。古村落旅游又是一个系统工程，规划必须先行。为避免陷入新一轮"保护性破坏"的漩涡中，政府必须发挥其主导作用，组织专家为古村落旅游把脉，对古村落旅游景点实行区域化布局和差异化规划设计。同时，任何一种资源的开发都会对原先的状态造成变化或破坏。变是绝对的，不变是相对的，关键是要在发展中如何保护当地独特的自然环境与文化遗产，这是乡村旅游可持续发展的核心

问题。因此，在规划中，我们必须遵循整体保护原则，坚持有机更新，保持古村落的历史可读性。

### 2. 突出特色，保护原真，避免城镇化

如今消费者对旅游的需求更趋于个性化和多样化。发展古村落旅游就是要保留本地特色，保护古村历史文化的原真性，不能盲目跟风。拆除一些不协调建筑，恢复古村落的原生环境，保持它的历史可读性以及它的"原汁原味"和历史沧桑感，保持村寨的原始风貌以及当地居民仍有的传统社会风尚、淳朴厚道的自然秉性，真正体现"人住农家院，享受田园乐"，才是成功的古村落旅游开发。

### 3. 规范管理，塑造品牌，避免程式化

目前，以古村落为资源凭借开发的旅游产品存在着一个共同的问题，即"娱乐性不足，参与性不强"。为了弥补这方面的缺陷，各地纷纷开发了"农家乐"旅游项目，虽说该项目对旅游者有些吸引力，但毕竟是"小儿科"的东西，且该产品的专营性不强，各地竞相效仿，产品已做得太滥，失去了吸引力。如何进行产品创新，走内涵式可持续发展道路，是古村落旅游开发的一个重要问题。在开发策略上，各地应根据所处的地理区位，依托各自的资源优势，确立不同的开发思路，通过采取切实有效的举措，来规范管理、打造精品、塑造品牌，走可持续发展的道路，古村落旅游才不会是昙花一现。

### 4. 注重和谐、传承文化，避免过度现代化

遵循景观美学原则，注重人文与自然的和谐融合、传承传统民族民俗文化，严格控制开发性建设。为了保持古村落的景观价值和文化价值，在古村落内不应建设新的旅游设施，哪怕是完全与原有建筑保持一致，也应当尽量避免。这是因为古村落是一个历史遗产，破坏了原汁原味，就大大损毁了它的特色和文化价值。古村落周边影响景观和谐的服务设施也是越少越好，对游览

道路系统和少量的必不可少的服务设施要做好规划。如果没有科学的规划和管理，盲目地开发只能加速生命力的消亡。

5. 协调冲突，加大参与，提高古村落居民的生活质量

现在许多地区的旅游开发策略，往往把居住在古村落的居民看做是过去时代的图画，一种纯洁、原始、静止不变的文化。旅游开发者似乎认为"过去"就意味着传统、真实，于是便与古村居民要求提高生活质量的要求发生冲突，大批原居民搬离古村。其实，当地人是当地文化的传承者，离开了其中居民的活动，古村落的特色和生命力也就无所依附了，古村里没有了人与人、人与景的融会贯通，古村落的"古意"也将荡然无存。所以，要把改善古村居民的生活条件，提高古村居民的社会经济利益放在第一步。尊重当地居民的意愿，保护他们的利益，调动村民、居民参与保护性开发的积极性，修复古村古建筑。总之，可持续发展很大程度上是由各利益主体的意愿决定的，因此，只有在各利益主体紧密合作的条件下才能实现目标。

6. 保持传统氛围，控制游人密度，平衡古村落环境承载力

环境承载力或称环境容量、环境忍耐力，本是一个生态学概念，引用到旅游和景观资源管理中，就是指某一风景区的环境在一定时间内维持一定水准给旅游者使用而不会破坏环境或影响游客游憩体验的开发强度。作为人文旅游资源的古村镇，当其成为著名景点时，其旅游者数量控制更显重要。很明显，若古村镇的小巷里挤满了游人，小巷的幽静就荡然无存了，而且，游人太多对文物的破坏也很明显，因而应适当控制游人数量和景点的游人密度。如不能适当控制游人即时流量和著名景点的游人密度，这些景区景点的旅游潜力将大受破坏，那时再谈保护就比较困难了，对游人的吸引力也大为减弱，古村镇的可持续开发利用也就失去了根基。

古村落环境容量的特殊性还在于，对一般风景区而言，可以

通过增加投资多建一些宾馆饭店容纳更多的游人，也可以通过多开辟登山道，或扩大空间利用率，以提高环境容量，一般不会影响人们的体验，但古村落大大不同，即使建一些与原有建筑相协调的建筑，也会破坏其古意。

## 第三节　乡村旅游产品开发

### 一、乡村旅游产品的特征

#### 1. 鲜明的乡村特色性

所谓乡村特色，是相对于城市特征而言的，指人们在乡村地域内，能够感知和体验到的，与城市有明显区别的所有自然和人文的元素。

乡村旅游之所以能够迅速发展，正是因为乡村旅游产品和城市旅游产品相比具有的诸多差异性、独特性，从而产生的旅游需求。城乡之间的这些差异包括地理差异、历史差异、文化差异，城乡两个地域仿佛磁铁的两极，存在相互吸引的能量，这种能量的放射点，正是"乡村特色"，这种强烈和永久的能量，吸引城市人进入乡村，乡村人进入城市，2 个区域内人口彼此双向互动。

乡村旅游产品的这一特点，决定了并非所有的乡村都能够发展乡村旅游，"乡村特色"不明显的乡村，不能依靠人造景观开发乡村旅游。只有那些具有相对突出的、明显的自然或人文特性的乡村，才具有开发乡村旅游产品的基础条件。

#### 2. 投资和消费的低门槛进入性

一方面，乡村旅游产品要能客观、真实地反映自然乡村世界的本来面目，强调返璞归真，回归大自然，因此，从旅游投资的角度看，乡村旅游产品不需要也不能够大兴土木和投入巨资去培植人造景观，例如，在乡村地域内建造的主题公园并不属于乡村旅游产品，因此，乡村旅游产品开发投入成本少，受资金限制程度低。

另一方面，从旅游消费的角度看，国内外的乡村旅游，均以国内游客尤其是近距离城市居民为主要客源，原则上，乡村旅游市场为近程性市场，旅途短，车马费少，不收门票或门票价格低，食宿费用相对城市低，旅游购物品以当地自产自销的为主，因中间环节少，也较城市便宜。当然，也有少数高档乡村旅游产品可满足高收入消费者的需要，但不是主流，城市人游乡村，其消费心理限度原本就不高，同时，现有的中、低档价位产品的大量存在，客观上保护了这种低消费的持续性和经常性。

### 3. 产品项目和产品线的丰富性

乡村旅游的产品线的长度和宽度均较大，乡村旅游产品丰富，且产品线之间有较大的差异性，集观光旅游、度假旅游、体验参与型旅游、消遣休闲旅游、康体保健旅游为一体，可较大一口径地满足各种旅游者的需求。例如，草原农舍、民族村寨、古村镇、江南水乡村庄、海边渔村、荷塘、果园、牧场、农业科技园区，可见，乡村旅游产品内涵和外延的博大宽泛。

### 4. 参与性与体验性

乡村旅游结构吸引旅游者的重要之处就在于所开展的各类旅游项目往往仍是农村日常生活的一部分，具有很强的亲和性和参与性。采摘蔬果、参与农村节庆、从事体力支出不大的一般性农事活动等，都是大多数旅游者在乡村旅游过程中感兴趣或乐意体验一番的事情。同时，乡村旅游者的成分要么是对乡村旅游完全陌生的；要么曾经有过乡村生活的经历，而如今已远离了大自然和乡村，于是试图借此重新获得对乡村生活的体验，以找回已经失落的记忆；要么是怀着神秘感去了解乡村、体验乡村。

**二、乡村旅游产品的类型**

我国乡村分布着丰富的旅游资源，市场空间和需求潜力巨大。为了进一步推动乡村旅游发展，国家旅游局提出，要不断推出比较成熟、完善的乡村旅游产品，培育中国乡村旅游精品，进一步帮助乡村旅游发展开拓市场。通过借鉴国内外乡村旅游产品的开发形态，根据产品性质而言，主要分为以下几种主要的乡村旅游产品类型。

1. 生态观光型乡村旅游产品

顾名思义，生态观光型乡村旅游产品是以优美的乡村田园风光、乡村特色民居群落、传统的农业生产过程、民俗博览园等作为旅游吸引物，把生态与民俗风情结合起来，旅游与休闲结合起来，满足游客回归自然、寻找梦想的心理需求，吸引城市居民前来参观和游览的旅游产品。以法国为例，村庄旅游是法国人喜爱的一种旅游休闲方式，每年有数百万游客到远离城市的偏远村庄，住进条件简陋的农舍，让家长带孩子参观农庄，看牛羊、看挤奶、观看制作奶酪和酿酒过程，游客还可以品尝这些美味。又如，对于占韩国人口 87% 的城市人来说，随着生活水平的提高，愿意到农村休闲的人越来越多。聪明的韩国农民于是发明了一种致富新办法——开办"观光农园"。它一般是几户农民联合搞的一种比较简朴的、集食宿、劳动和文体于一体的休闲设施。城里人来到这里，小住几日。在这里，城市人既可轻轻松松地观赏乡村的山水野景，享受大自然的宁静，也可参加农民的一些生产活动，如收获瓜果和蔬菜等，从中体会劳动和收获的喜悦；此外，还可以学习农家制作面包、奶酪、果酱、葡萄酒的手艺。通过感受农家的生活，使自己的身心得到休息和调整。韩国农民开办"观光农园"须得到政府有关部门的批准。韩国农林部门在资金和政策上积极扶持农民发展这种观光事业的同时，也制定了严格的管理法规。对于违反规定的农园，会限令其立即整顿或停业。由于管理比较得当，"观光农园"发展势头良好，形式也愈来愈趋于多样化。

观光型乡村旅游产品要想具有持续长久的生命力，必须突出当地的乡村特色，需要充分利用当地独特的旅游资源优势以塑造特色产品。因为，每一个乡村都是万花丛中的一点"绿"，如何做到万绿丛中的一点"红"，就必须从特色出发。具体包括以下几种类型。

（1）观光农园。观光花园：以观花赏花、园艺习作为主题的观光农园。主要利用一些大型花卉生产基地，为游客提供观光、赏花、买花、园艺习作、插花技艺学校等旅游活动场所。这些花卉生产基地与旅游业天然的偶合关系，是发展乡村观光旅游（赏花节、赏花会、赏花之旅等）的本底性资源，也是塑造田园化乡村环境的重要因素。以对山东省的各种林果、花卉考察为例，发现不同的花卉种类有不同的赏花期，这正好构成了观光花园的旅游时节。

观光果园：以水果旅游为主题的。主要利用成熟果园，通过观果、品果、摘果等系列活动吸引游客。观光果园一般指开放成熟期果园供游人亲自采摘、品尝、购买及参与加工果实，又能观赏果实累累的丰收美景，并与其他休闲活动相结合的果园经营新形态。果树品种以苹果、梨、葡萄、柑橘、桃为主，一般选择花香、色艳、味美的果品树种，综合考虑开花期和成熟期合理搭配和组装，以增强吸引力，延长开放期。果园内可开设果品加工坊、果品品尝屋、鲜果专卖店、休息亭、品茶亭若干座，游客平时可在林间休闲、游览、野营、烧烤，果实成熟时，游人可自采、品尝、参与加工、购买新鲜水果。为了增加果园的文化氛围，可点缀文化艺术小品，如雕塑、壁画、楹联、诗词等，可以直接以水果为内容，也可以间接引述或表现与水果有关的历史典故、传说趣闻，如古诗名句"满园春色关不住，一枝红杏出墙来"就可雕刻于石碑上。为保障果园正常生产，观光果园要开辟活动专线，开辟供游人采摘、品尝和学习栽培的固定区域。

以色列北部一个地处沙漠的村庄用当地独特的沙果（一种极耐旱的水果）发展观光农业，游客可以在品尝沙果的同时，做沙疗（一种把身子埋在热沙里治风湿病的方法），每年这里的游客量超过20万。

（2）观光牧场。观光牧场开发有2个方向：饲养普通家禽、家畜，如牛、马、羊等，开发参与功能，让游客全方位、多层次参与。如让游客参与饲养、剪毛、挤奶、品尝羊肉和羊制品，观赏和拍摄奶牛等。可饲养品种优良而独特的牲畜及野生动物。这些动物必须易于饲养且有很大的观赏价值，如鹿、狐、鸵鸟等。牧场既有生产的功能又有观光的功能，因此牧场应采用先进的饲养技术、管理方法和设施设备，建立畜禽良种繁殖体系、畜产品加工、检验、贮运体系，形成融观光、参与、娱乐、品尝、培训、咨询、购物、科研等功能的一条龙旅游服务系列。

（3）观光渔村。观光渔村主要以参与为主。如规划地周围有大面积的水面和传统渔业，则应恢复传统渔业生产风貌，甚至可以对其进行适当的艺术加工，使其具有旅游吸引力。以山东"渔村"为代表的胶东半岛乡村为例。

山东东部的胶东半岛沿海地区，以渔业生产、渔民生活和胶东地区特有的地理、自然资源为基础，形成了独具特色的"胶东渔村"。渔村和渔民以荣成、蓬莱、长岛、日照等地最为典型。以成山头为界，半岛南部的海域，渔民习惯上称呼为"南海"，其渔业生产习俗受长江口一带的影响较多，渔船以鸟高、排子为代表，又善用镖子网、架子网等定置渔具；半岛北部海域，渔民习惯上称为"北海"，典型的渔村集中于荣成龙须岛、蓬莱大季家、刘家旺、长岛砣矶岛、莱州三山岛等处，渔业生产习俗以驾

"大瓜篓"、打风网（围网）为特色。南北渔村的海带草房、玉米面饼子、海产食品、天后崇拜、行船禁忌等习俗，都为别处所不多见。沿海渔民沿袭"齐人好逐利"的传统，外出经商的习俗历数十代而不衰。这方面突出的代表是蓬莱、龙口（黄县）、莱州（掖县）的沿海地带，"蓬、黄、掖"的买卖叭不仅在东北有很大影响，在京、津、沪等地也多见他们的足迹。

自20世纪90年代以来，胶东地区相继开发出了以长岛和日照"渔家乐"、荣成"胶东渔村"等为代表的、以传统渔家生活为主题的乡村旅游产品，在国内市场上成为知名的旅游品牌。

（4）观光鸟园。西班牙南部小镇 Andalucfa，有着丰富的鸟群，是观赏鸟的天堂，每年都能吸引很多鸟类学者前来观光。一年中最好的观赏季节是春天，因为，这时候既可以看到很多冬天的物种，又可以看到即将来临的夏季物种。观光鸟园的内容一般包括观光湿地的建设、观光鸟群迁移以及观赏鸟巢等。

（5）乡村公园。森林公园：区位条件好，地形多变，山峦起伏，溪流交错，森林茂密，景色秀丽，环境优良，气候舒适，面积较大的森林地段可开发为森林公园，使之成为人们回归自然、休闲、度假、野营、避暑、科学考察和进行森林浴的理想场所。

农业公园：按照公园规划建设和经营管理思想，将农田区划为服务区、景观区、农业生产区、农产品消费区、旅游休闲娱乐区等部分，形成一个公园式的农业庄园。

（6）科技观光游。科技观光游是利用现代高科技手段建立小型的农、林、牧生产基地，既可以生产农副产品，又给旅游者提供了游览的场所。

山东省寿光市蔬菜高科技示范园的规划面积20 000亩左右，中心区10 000亩，目前已投资1.6亿元，建成"三园三区五中心"格局，即蔬菜高新技术创新园、农业博士创业园、外商投资园；蔬菜标准化生产示范区、新品种试验示范区、现代化设施试验示范区；智能化信息管理中心、蔬菜高新技术培训中心、展示交流中心、现代化生物工程种苗中心和蔬菜保鲜加工销售中心。

示范园始终坚持以进军农业科技前沿，带动全市及周边地区农业发展为目标，先后与山东农业大学、上海交大农学院、中科院海洋生物研究所、中国农业科学院蔬菜花卉研究所等科研院所建立了长期合作关系，承担着科技部、省科技厅等多项科研项目。目前已被列为山东省农业科技示范园区和国家农业科技园区试点单位，还被确定为博士后科研工作站、引进国外智力示范推广基地、山东省蔬菜工程技术研究中心、山东省农业大学博士生实践基地。

目前，园区的农业观光旅游产业已经成为国内农业旅游的一个亮点，特别是园内体现现代农业水平的工厂化、标准化生产模式和各类优良先进的种植模式以及闻名全国的中国寿光蔬菜博览会，都成为吸引人们前往考察参观的重点。园内南国的水果、北方的蔬菜应有尽有，各式景点错落分布，令人向往，每年接待国内外各种旅游参观团体和单位 20 000 多个，游客达 50 万人次以上。

又如，新加坡将高科技农业与旅游相结合，兴建了 10 个农业科技公园。农业公园内应用最新科学技术管理，各种设施造型艺术化，合理安排作物种植，精心布局娱乐场所。养鱼池由配有循环处理系统的"水道"组成；菜园由造型新颖的栽培池组成，里面种上各种蔬菜，由计算机控制养分；田间林荫大道的两边也种上了各种瓜果。

美国则建立了多处供观光的基因农场，用基因方法培植马铃薯、番茄，在发展农业的同时也在向游客普及基因科学知识。

（7）水乡农耕田园观光。以水乡农耕景观为主题。利用河口水网密布的特点，营造荷塘万里，蕉林、蔗林成片，凉亭竹棚、鱼跃禽鸣的水乡农耕景观，让游客置身于水乡秀色、田园绿野中，尽情领略水乡风情。

（8）绿色生态游。利用农村特有的自然生态旅游资源，进行适当的规划和包装，开发各式各样的"绿色生态之旅"项目。被财政部和水利部授予"全国水上保持生态建设示范村"的辽宁省丹东大梨树农业生态旅游村和1992年被联合国环境规划署授予"全球500佳"称号的辽宁盘锦大洼县西安生态养殖旅游项目都属此类。在波兰，乡村旅游与生态旅游紧密结合。他们在开展的活动内容上与其他国家一样，不过参与接待的农户是生态农业专业户，一切活动均在特定的生态农业旅游区内进行。

2. 体验型乡村旅游产品

乡村旅游产品贵在"村"味，重在体验。住冬暖夏凉的农家房，观小桥流水的农家景，听俚语乡言的农家情，享祥和温馨的农家乐是体验乡村生活、体验乡村生产和体验乡村民俗风情的最佳途径。作为一种新兴的时尚的旅游休闲形式，体验型乡村旅游产品无疑是当前的一种时尚品。

体验型乡村旅游产品，主要是指在特定的乡村环境中，以体验乡村生活和农业生产过程为主要形式的旅游活动，同当地人共同参与农事活动、共同游戏娱乐、参与当地人的生活等，借以体验乡村生活或农业生产的过程与乐趣，并在体验的过程中获得知识、休养身心。对于体验型乡村旅游产品的生产和开发来说，它们对自然资源及部分基础设施的要求不高，提供最基本的吃住设施就可以了，关键在于能够对旅游者产生吸引力，使游客觉得在乡村旅游的话，能够让自己全然放松，体验和回味美好的乡村生活。

（1）酒庄旅游。说起酒庄旅游，很多游客都感兴趣。源于人们对酒的制作、味道、颜色等的好奇。例如澳大利亚将当地的葡萄酒产业优势与旅游业有机结合，开发出葡萄酒旅游（Wine-

Tour)，允许旅游者游览参观葡萄园、酿酒厂和产酒地区等景点，并且还可以参加包括制酒、品酒、赏酒、健身、美食、购物等一系列娱乐活动。他们不仅可以保证严格的葡萄酒流水线生产作业，同时，还作为一项文化旅游项目，欢迎各国游客前来参观葡萄园景观，并且可以亲口品尝各种风味的葡萄酒，对游客来说真是一件两全齐美的差事。

（2）"做一日乡村人"。在这种旅游活动中，旅游者能够回归自然，学到许多新知识，结交新朋友，暂时离开都市环境，换一种生活方式，使自己的身心得到休息和调整。如杨家埠中国民间艺术遗产村庄乡村民俗游，让旅游者在家庭年画作坊中，亲自刻印年画，亲自张贴年画或把自己刻印的年画带（买）回家；被称为齐鲁第一明清古村落的章丘市的朱家峪，旅游者到朱家峪可以看民俗展览，还可以亲自摊煎饼、推磨盘等，进农家体验生活。

（3）人工林场。人工林场具有调节气候、吸碳制氧、消除烟尘、吸收毒气、杀灭细菌、隔音消声、净化污染、美化环境的功效。人工林场可在行、游、吃、住、娱、购旅游六要素上做文章。

行：开发"森林浴"，即在林场内设置林间步道、小路等，供游人散步、健行、慢跑、登山。为了让游人感到新鲜，道路要根据地形设计，有升、有降、有直、有曲，要有为老年或恢复健康的游客设计的平缓步行路，也要有为青年游客设计的迂回曲折、坡线较长的登山路。

游：结合地理学、生物学、环境学、园林学、药学等多种学科的知识，开发集知识性、趣味性为一体的森林旅游项目，如赏鸟、赏树、赏花等。

吃：突出"新鲜、独特、无污染"等特点的绿色食品、花卉食品、昆虫食品和符合规定的野生动物。

住：少建高档宾馆和别墅，以小木屋、草舍、野营帐篷、洞穴等亲近自然、回归自然的住宿设施为住。

娱：以弓箭狩猎、密林寻宝等适合森林的项目为主，同时，也可开辟游人植树区，专门让游人种植纪念树，如新婚蜜月树、情侣树、诞辰树等，并让游人亲自参与管理。

（4）林果采摘园。林果采摘园使游客体验到乡村传统的农耕作业活动以及现代科技农业生产，让游客在体验的过程中受到教育，增长见识，得到充实。体验型的林果采摘是一种最富趣味性、成就感最强的体验性乡村旅游项目，许多乡村地区都可以结合当地的林果业，开展体验型果实采摘活动。

3. 品尝购物型乡村旅游产品

（1）品尝游。乡村有丰富的食品资源，可以将乡村食品资源与美食文化结合，开展以绿色特色食品为主的果品品尝、特色风味小吃品尝、健康保健食品品尝、绿色生态食品品尝、野菜品尝、特种禽畜菜肴品尝、烧烤美食品尝等美食旅游活动。特色食品应该以绿色营养、色香味俱全、原料独特的乡村食品为主。如花卉食品（饮品、糕点）、花粉食品（包括花粉饮品、糕点、菜肴、糊羹、糖果、药酒）、野菜食品、水果食品、土特产、珍稀禽畜和水产佳肴。品尝方式可以是农户提供的餐饮服务的内容之一，也可以建立特色小吃一条街或特色小吃品尝区，方便游客到此参观品尝各种各样的特色食品。

（2）购物游。在心情愉悦地进行了娱乐活动后，游客总希望带一些旅游纪念品或乡村土特产品回家。洁净新鲜的特色蔬菜、稀有的珍稀禽畜和名贵水产、美丽花卉、别致的盆景、风味独特的土特产、工艺精湛的手工艺品、古朴雅致的古玩字画、设计独特的旅游纪念品都为开展购物型乡村旅游提供了丰富的资源。应该在旅游活动集中区域建立一些乡村旅游商品销售摊点或集市，方便游客购买各类乡村旅游商品。

### 4. 休闲度假型乡村旅游产品

休闲度假型乡村旅游产品，是以滞留性的休闲、度假为主，在水乡、山村或民俗园中小住数日，对游览地的衣、食、住、行做亲身体验，同时，对当地的民间艺术、民间技艺、方言等加以轻松的了解。这种类型的民俗产品强调景区（或村庄）内的自然环境和当地居民以及旅游者之间的和谐共处。

现代旅游的特点是人们更多地强调旅游经历与自我参与，因此，休闲度假旅游产品的发展是一种必然趋势。近年来，由于社会经济的发展，人们生活质量的提高，很多大城市的周边农村一到假日就会出现不同的城市人的身影。他们或者无所事事地闲逛，或者在山水中钓鱼、野餐聚会，或者到农民家摘果子、种蔬菜、喂小鸡等。农民们也很热情地邀请城里人到家里做客，住农家屋，睡土炕，吃农家饭。这种对休闲度假生活的需求与供给的对接使休闲度假型的乡村旅游产品应运而生，因此，在自然风景美丽、气候舒适宜人、生态环境优良的景观地带建成以满足旅游者度假、休闲为主要目的场所，具体来说有周末节日度假游、家庭度假游、集体度假游、疗养度假游和学生夏令营等。以以色列为例，以色列的乡村生活本身就是一种极富吸引力的休闲度假旅游产品，其度假旅游是主要的乡村旅游形式，一片蓝天，一亩农田，几口鱼塘，几株果苗，还有牧场、蜂园等都是城里人周末休闲的理想场所。为接待每逢周末来此度假的城里人，几乎各乡村都建设了 B&B（Bed and Breakfast 床与早餐）设施，这种住宿设施与民居有机地融合在一起，旅游者体验到的是真正的乡村生活，真正的闲情逸致。以色列对乡村旅游的开发非常重视，为促进乡村地区旅游业的发展，以色列还成立了山谷旅游总会（The Valley's Tourism Board），负责管理乡村地区小型旅游企业及旅游资源开发。

（1）度假娱乐。度假娱乐游是现代都市人为了缓解工作生活压力、利用假日外出进行令精神和身体放松的一种较高层次的旅游形式，度假娱乐需求成为旅游者基本的旅游需求之一。

国外在开发乡村旅游时积极开发娱乐性强、互动参与性大、表现形式新颖的休闲娱乐项目以满足游客多层次需求。在美国，每当瓜果成熟的季节，城里人就纷纷涌进各大农场参加摘水果的度假活动，以获得别有情趣的度假享受，缓解工作压力。德国的乡村旅游十分简捷，不会因为旅游开发而刻意改变乡村的自然风貌，主要项目有瓜果采摘、集市体验、亲近动物、农家住宿、自租自种等。意大利农业旅游区则是一个典型的具有教育、游憩、文化等多种功能的"生态教育农业园"，旅游者可以从事各种农业健身运动，例如，体验农业原始耕作、狩猎、亲手制作工艺纪念品、烹调学习活动等。

国内休闲度假旅游还不是主导性消费市场，市场条件不是很成熟，还有待于提升和发展。如山东枣庄市峄城区万亩石榴园内的"石榴人家"、泰安市肥城万亩桃园中的"桃园人家"等为代表的特色经济区，使旅游者在"石榴人家""桃园人家"中休闲度假，了解民风民俗，参与农事耕作，具有典型的山村度假意义；莱芜市的房干村让游客住在农户小康楼，通过参与各家生活，体味山村农家乐趣，还可以让游客体验包水饺、放鞭炮、耍花灯、逛山会等丰富多彩的民俗风情；济宁的运河人家，让旅游者住在运河的小船上，了解运河船家的生活习俗；威海市的"花村"和"画村"有浓郁的民俗文化，民间艺人在奇石收藏、剪纸、根雕等方面造诣颇深，游人在欣赏怡人的自然景色的同时，还能感受那里独特的民俗。

（2）休闲农场。休闲农场是一种供游客观光、度假、游憩、娱乐、采果、农作、垂钓、烧烤、食宿、体验农民生活、了解乡土风情的综合性农业区。近年来，中国台湾的许多会议都是在休闲农场召开的。法国为满足不同偏好度假旅游者的需求，开发了不同主题、种类齐全的休闲农场，包括农场客栈、点心农场、农产品农场、骑马农场、教学农场、探索农场、狩猎农场、民宿农场、露营农场等。

（3）租赁农场。租赁农场是指农民将土地出租给市民种植粮食、花草、瓜、果、蔬菜等的园地。其主要目的是让市民体验农业生产过程，享受耕作乐趣，以休闲体验为主，而不是以生产经营为目标。租用者只能利用节假日到农园作业，平时则由农地提供者代管。租赁农园所生产的农产品，一般只供租赁者自己享用或分赠亲朋好友。

农场主将一个大农场分成若干小园，分块出租给个人或家庭，向他们收取出租费用。平日由场主付资雇人照顾农园，并可按照租赁者的意愿更换、增添农园内种、养殖的品种，假日则交给承租者享用。这既满足旅游者亲身体验农趣的需要，也增加了经营者的利润。租赁农场用地，包括山地、平地、丘陵、水面等各种类型的地貌，适用于耕种、放牧、养鱼和种树等各类农业经营形式。相邻农场边界可种阔叶树，树下设休息座若干。租赁农场针对收入较高的富裕阶层人士，可采用会员制经营。易操作、成长期短的蔬果项目，场主可为会员提供农具和菜种，会员只需每月交纳一定月租费，就可不定期地做一个悠闲的农夫。

（4）乡村俱乐部。乡村俱乐部是为了满足人们休闲娱乐而设置的，利用合适的乡村环境，开展野外活动。如在原来知青集中的乡村建立"知青俱乐部"、开展"知青回'家'游"；利用水库、湖泊、鱼塘、河段建立"垂钓俱乐部"；选择适宜的地方建设"乡村高尔夫球俱乐部"或"乡村高尔夫球练习场俱乐部"等形式多样的乡村俱乐部。还可以安排篮球、网球、羽毛球、游泳池等一般运动设施的乡村俱乐部。例如，北京华彬庄园踞长城、临燕山，规划占地总面积约 $400hm^2$，是京城的风水宝地，也是现今中国最具规模的会员制俱乐部，是作为国际大都市的北京首屈一指的集体育、旅游、休闲、度假为一体的大型庄园式项目。庄园内设有18洞球场及配套设施的亚洲最大的会所、五星级豪华酒店、马术俱乐部、生态基地、世界产业领袖会邸、生命科学健康中心等。又如蓬莱南王山谷酒庄，不仅每年生产1 000t的高端庄园葡萄酒，还拥有地下酒窖、高级会所等国际葡萄庄园的建设标准，因而成为蓬莱新型的旅游项目。我国台湾长寿之乡——新竹县关西镇，是统一企业集团走入乡村俱乐部形态的第一步。内部的设计规划配合当地的山形水势，包括山训场、健康森林浴步道、全家游乐区、人工滑雪场、天文台、立体太空动感电影院等，是一个度假休闲的会员制俱乐部。

（5）农家小屋。如果你和你的朋友或家人想回到大自然中，那么在乡村中可以找到很多简单的农家小屋。小屋通常设在类似于自然公园中，如湖、山的旁边，相对比较隐蔽。小屋前的院子可以供游客们在树荫下喝茶、聊天。它们尤其被热爱户外的旅游者，如自驾车、鸟类学家、爬山者以及仅仅是为了享受一下乡村的宁静的旅游者所喜欢。农家小屋为他们提供了聆听微风、鸟鸣以及懒散的羊群们吵吵嚷嚷的声音的好去处。

（6）野营地。野营是一种户外游憩活动，是暂时性离开都市或人口密集的地方，利用帐篷、高架帐篷床、睡袋、汽车旅馆、小木屋等在郊外过夜，享受大自然的野趣及生态环境提供的保健功能，欣赏优美的自然风光并参与其他休闲娱乐活动的一种旅游活动项目。如今，越来越多的人开始喜欢野营。凭借着山山水水、起伏不平的乡居、树林等，乡村正是野营地的最好去处。野营为游客提供了直接接触自然的经历，同时，也是最便宜、最灵活的一种住宿方式。如果一家人正好想找个户外度假，或是一群朋友希望出去游玩的话，野营旅游无疑提供了舒适和有价值的乡村旅游。

### 5. 时尚运动型乡村旅游

时尚运动型乡村旅游产品是一种全新的独特的乡村旅游产品，它以乡村性为基础，乡村性与前沿性、时尚性和探索性相结合产生的新兴乡村旅游产品。这种旅游产品的主要销售对象是白领、自由职业者等年轻的创新型人群，包含的项目有溯溪、漂流、自驾车乡村旅游、定向越野、野外拓展等。乡村原始朴素的自然环境为时尚运动型乡村旅游产品提供了最佳的条件，可以说，除了在乡村或城市近郊地区，在其他地方几乎没有这种类型的产品。这也是乡村资源与市场需求对接的最好体现。

（1）溯溪游。乡村是溯溪游的最佳地点，乡村中的山山水水形成了溯溪活动的基本设施。溯溪是由峡谷溪流的下游向上游，克服地形上的各处障碍，溯水之源而登山之巅的一项探险活动。溯溪是一项可以结合登山、攀岩、露营、游泳、绳索操作、野外求生、定位运动、赏鸟等综合性技术的户外活动。在溯溪过程中，溯行者须借助一定的装备，具备一定的技术，去克服诸如急流险滩、深潭飞瀑等许多艰难险阻，充满了挑战。溯溪活动需要同伴之间的密切配合，利用一种团队精神，去完成艰难的攀登，对于溯行者是一种考验，同时，又得到一种信任和满足，一种克服困难后的自信与成就感。乡村中一处壮美的瀑布在溯溪人的眼里便是悬崖，在潮湿而又长满青苔的瀑布里攀岩是一种新的挑战。奔腾的激流和艰难的攀岩在此相依相伴，非常刺激而又充满活力；在落差小，水流缓慢的地方，可让溯溪人心灵的思绪任意飘荡……当然，在刺激的生命冒险来临时，溯溪者永远处在状态中，永远保有对一切的主动……所有的困难都是未知和难以预料的，但是，所有的困难和未知都是启发你思考和向上的动力，这就是溯溪游的时尚魅力。

（2）自驾车乡村游。现在，越来越多的城市人拥有了自己的私家车。车改变了人们的生活方式。每逢周末和假日，约几个

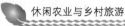
知心好友，带着美好心情就可以去享受乡村美景了。相对随团旅游，充满个性色彩的自助驾车游已越来越被有车族青睐。备齐行囊，驾上爱车，随心所欲地去奔驰。约伴同行，不仅能尽情地观赏沿途乡村的流光画影、大自然的神妙奇幻，还能感受到团队互爱互勉的动人精神。与随团旅游的最大区别在于，对自驾车旅行者来说，重要的是过程而不是结果，因为，旅游者可以在任何一个打动自己的地方做停留，欣赏自然风光带来的惊喜。行程中不经意的发现，就像沙里淘金，路边的一段溪流，城外的半截石塔，山湾里烂漫的桃花，崖壁上隐约可见的石刻，都能令人兴奋不已，这就是乡村自驾游的欢乐所在。随时调整旅行线路，穿越旅行团无法触及的地域，尤其是那些尚未开发和开放的地方，领略最淳朴的民风和未遭破坏的自然风光。

（3）漂流游。漂流具有季节性和地点性，一般在夏天的乡村开展。奔出家门的城市人在夏日里纷纷挥去城市的灰蒙，与家人、与亲朋欢聚在一起，在飞越激流中、在欢笑声中洗涤夏天的烦闷，感觉乡村原野的亲水气息。漂流大致分两种，一种是以刺激为主，这些漂流的河段水流湍急，河道曲折，但有惊无险；另一种是轻松自在、以赏景为主的江河漂流，这些漂流的河段水流平缓、偶有急滩，可坐在竹木筏上听潺潺水声，戏玩游动小鱼，远眺一片片青葱稻田，乐趣无穷。

（4）定向越野。两岸山峦叠嶂，青翠欲滴，山泉、瀑布、幽潭掩映在原始热带丛林之中，峻险兼备，是开展定向越野运动的理想场地。定向运动是竞技体育项目之一，类似于众所周知的寻找宝藏。大致过程是：在旷野，山丘的丛林或近郊公园等优美的自然环境中，事先隐藏好数个点，参加者手持地图和指南针找出点的所在方向。这种活动有机地将个人休闲、娱乐与团队熔炼、协作融为一体。由于这个活动的组织方法简便，不仅对提高野外判定方向的能力及学习使用地图有好处，还能够培养和锻炼人的勇敢顽强精神，提高人的智力、体力水平。开展定向运动不需要像其他体育项目那样在场地与器材上支付大量经费，娱乐性与实用性兼备，因此，日益受到旅游者的重视，并且很快地在城市时尚人群中传开。

（5）野外拓展。野外拓展训练（Outward Bound）是指在自然地域（山川湖海）、通过探险活动进行的情景体验式心理训练。野外拓展充分利用艰险的自然环境，从情感上、体能上、智慧和社交上对游客参与者提出挑战，在参与者解决问题和应对挑战的活动过程中，实现"磨炼意志、陶冶情操、完善自我、熔炼团队"的培训宗旨。

### 6. 健身疗养型乡村旅游

随着旅游者越来越关注旅游产品的医疗保健功能，国内外许多乡村旅游目的地有针对性地强化了其产品的医疗保健功能，开发诸如温泉、体检、按摩、理疗等与健康相关的乡村度假项目。这不仅能够满足游客的健康需求，而且能为其带来不菲的利润回报。例如，古巴的医疗旅游、日本的温泉旅游、法国的森林旅游、西班牙的海滨旅游等都以旅游服务项目的医疗保健功能而闻名。一般来说，这一类型的乡村旅游产品主要包括森林浴、日光浴、划船捕鱼、骑马、散步、远足等，使游客通过乡村旅游达到锻炼身体、宁气安神、消除疲劳以及身体素质和精神状态得到不同程度地改善、提高。

（1）温泉旅游。这种旅游活动不再是简单地在温泉中泡着，而是由当地导游带领，沿着小溪走过纯自然的道路，来到有医疗效果的温泉发源地，在那有设备简单但齐全的温泉旅游设施，游客可以在那里享受纯自然的温泉浴，然后品尝美味的山果。当然，游客自己最好穿着舒适的鞋子、带着防虫剂、泳装或者相机。

（2）散步远足游。人们常说"饭后走一走，能活九十九"。

散步能给人们带来体力和身心健康。乡村是呼吸新鲜空气、欣赏自然景观的好地方。当前很少乡村专门设计步行旅游，其实除了国家和自然公园外，步行道旅游也是相当幽静的旅游经历。但是开发这种旅游产品首先要考虑的就是游客的安全性。由当地的旅游管理部门和投资商共同开发，开发设计一些有意义的步行线路，在线路的沿途，能够欣赏到当地的自然特色风光、遗址遗迹；线路有明确清楚的标示牌，标明与其他点的距离以及步行建议和适合野炊的地点等等。

（3）骑马游。很多世纪以来，国外的骑马游是乡村旅游生活中的必不可少的一部分。骑马游包含的内容丰富，如骑马度假，可以维持一周跋山涉水的远途旅行；马术授课，从最基础的授课到实践；租马游，农场一般可以为游客提供马匹和导游，指导游客游玩；探寻足迹游，可以结合当地革命历史时期共产党人走过的路线，开发出探寻足迹的骑马游；骑马比赛：这项体育运动式的旅游方式不能很好地控制，也不太广泛，但如果有专门的技术人员以及开发商，在乡村举办这项活动是最有可能和最具潜力的。

（4）骑车登山游。这项旅游活动可以看做是最艰辛但又最放松的运动。当前有很多自行车爱好者在周末组成一个小团队骑车走过陡峭艰险的山路。骑车登山游的价位不是很高，当然要准备的设备必须齐全，如钢缆或锁链等。

### 7. 教育学习型乡村旅游

乡村度假地为旅游者提供一个轻松舒适的学习环境，通过团队合作交流、自主探索学习等方式而不是专业人士做教练，让游客在没有任何压力的情况下学习新知识、熟练新技能，既享受了轻松的休闲，又学习到了知识。日本的许多地方为迎合人们关注野生鸟类生活的情趣而专门开发设计了观鸟旅游，让旅游者亲临野鸟栖息地观察鸟类生活，随行配备鸟类专家指导，使游客在旅游中，既观赏到了鸟类的生活，也学到了许多关于鸟类生活的知识。美国的农场、牧场旅游不仅能使游客欣赏美丽的田园风光、体验乡村生活的乐趣，而且在专人授课的农场学校能够学到很多农业知识。这种兼有娱乐和教育培训意义的参与式乡村旅游形式，深受旅游者欢迎，成为乡村旅游的发展趋势。

（1）研修型乡村旅游产品。研修型乡村旅游产品是指以考察研究先进农业、特色农业或农业文化、学习农业技艺为主的乡村旅游。可以通过农村留学、参观考察、教育培训等多种形式，开展农业文化考察、特色农业考察、农业技术培训、花木栽培装饰培训、工艺品制作培训、农业知识学习等研修型乡村旅游活动，发挥乡村农业的教育功能。

（2）教育农园。教育农园是将农业生产和科学教育相结合的一种农业生产经营形式。农园中栽种的作物、饲养的动物、配备的农具设备及所采用的生产工艺和耕作技术等都具有较强的教育意义。教育农园可设置简单的农业"博物馆"，陈列反映当地种植、养殖业生产历史与现状的农畜产品或图片、农具、介绍农业生产工艺技术的资料等，并可在农园内建立演示区，再现农业生产历史。这样可以增加游客对当地农业生产历史的了解，激发他们爱农、兴农、投身于我国农业建设的热情。当前，较具代表性的教育农园有法国的教育农场、日本的学童农园及我国台湾省的自然生态教室等。

（3）寄宿农庄。寄宿农庄是指城镇居民在假期把子女送到农村亲属家去寄宿，做一些社区工作，参与农场作业等，培养青少年坚韧、朴实、健康、正直的人格。例如喂养小鸡、小鸭、牛等；在农地里工作，体会播种、栽秧、收获全过程；为老年人盖屋子，关心老人；在当地的小学教英语等等。

8. 民俗文化型乡村旅游产品

民俗文化型乡村旅游产品是以农村的风土人情、民俗文化为凭借和吸引物，充分突出农耕文化、乡土文化和民俗文化特色，来开发旅游产品。这是全面提升乡村旅游产品文化品位的一个有力手段。把农村居民的衣食住行、婚丧嫁娶；生计风俗；时令风俗、游乐民俗、信仰民俗等，无论是物质的、有形的具体实物，还是观念的、无形的抽象形式，都作为开发民俗文化旅游产品的资源依托。匈牙利是将乡村旅游与文化旅游紧密结合的一个典范，它开发的乡村民俗文化旅游产品使游人在领略匈牙利田园风光的同时，也能在乡村野店、山歌牧笛、乡间野味中感受到丰富多彩的民俗风情，欣赏充满情趣的文化艺术以及体会着几千年历史淀积下来的民族文化。西班牙开发的满足游客多种文化需求的文化旅游线路很多就是乡村旅游产品的重要组成部分，如城堡游、葡萄酒之旅、美食之旅等。

（1）民俗文化村。乡村某些地方具有特定的民俗风情、文学艺术、园林建筑、文物古迹，如衣着、饮食、节庆、礼仪、婚恋、喜好、歌舞、工艺、寺庙、教堂、陵墓、园林等，这些都是重要的旅游资源，对城镇居民有着强烈的吸引力。可以带着游客们到当地的民俗村逛街，参观最能体现当地民俗文化的市场、教堂，让游客们有机会欣赏到当地的艺术和手工艺品，品尝到真正口味的小吃、水果等等。例如，广西壮族自治区龙胜县以本地的少数民族特点，安排了以"龙脊之春"为主要内容的新春文化活动，各项文化活动好戏连台，祥龙醒狮表演等竞相争艳，为广大游客们营造了新春祥和欢乐的节日气氛。阳朔遇龙河、西街，兴安乐满地、秦城水街等景区景点人流不息，大街小巷和乡村田野随处可见游客身影。人们利用春节长假走进农家，感受农家生活，悠然自在地吃农家菜、泡温泉，体验淳朴、自然的田园风情。

（2）农业文化区。农业文化区分室外和室内 2 种形式。室外是展示型农业文化，用实物的形式动态地展示各地或各个历史时期的农业文化。展示农具文化，所展示的农具能操作，并有代表性特色，如汉代的辅护和翻车、五代的高转筒车、宋元时期的犁刀和水轮三事等，由专人教授使用方法，游客可以操作使用，以体验劳作的趣味。室内可开办小规模的手工作坊，如"酿酒作坊""制陶作坊""刺绣作坊""编织作坊"等。

（3）村落民居。这是以村落民居建筑，例如，古民居、古宅为凭借开发的旅游产品。我国民族众多，民居住宅造型风格多样，如汉族的"秦砖汉瓦"、斗拱挑檐的建筑形式；满族的"口袋房，曼子炕"；白族的"走马转角楼"；傈僳族"百脚落地"的草屋等都极具观赏价值和建筑研究价值。又如，江南六大古镇中周庄保留着大量的元明清建筑，南浔保留着完整的江南大户人家的深宅大院，乌镇更是以原汁原味"小桥、流水、人家"的江南水阁房吸引了众多的旅游者。再如，地处黄山风景区的西递、宏村古民居村落，风光秀美，历史文化内涵深厚，建筑工艺精湛，是保留最为完好的明清徽派建筑群，至今保存完好的明清民居有120多座，房屋基本上保持原貌，未被破坏，具有很高的旅游价值。

（4）遗产廊道。遗产廊道发源于捷克和斯洛伐克中部地区摩拉维亚乡村，当地为了发展乡村旅游，建设了一条名为"摩拉维亚葡萄酒之乡"的遗产廊道，将当地丰富的文化遗产和历史遗迹——诸如乡村博物馆、城堡、葡萄园、酿酒作坊、手工艺作坊、有音乐和舞蹈的酒吧等连接起来，还在途经之处建设了酒店、客栈、宿营地、自助餐厅和餐馆。遗产廊道成为了一项富有特色的乡村旅游产品。可以说遗产廊道是"拥有特色文化资源集合的线性景观"，它既可以是自然或历史形成的河流、峡谷、运河、道路以及铁路线，也可以是专门修建的将单个的遗产点串联起来的线性廊道。在拥有丰富历史、文化、自然景观的乡村开辟遗产廊道，将更好地展示当地景观的多样性和典型性，同时，也会带动乡村旅游的繁荣和经济的发展。

（5）乡村博物馆。乡村博物馆是一种集中体现乡村文化历史的旅游产品，它涉及传统乡村生活的所有领域，从实物形态、方言到工作和生活习俗等每一个细节。乡村博物馆起源于欧洲，在国外发展得较为全面。例如，罗马尼亚首都布加勒斯特有一座别具一格的乡村博物馆，建于1936年，馆内有许多个性迥异的农家房舍，它们在绿树浓荫的陪衬下显得十分和谐、美丽，被人们称为"都市里的村庄"。这里既是游人参观游览、体会罗马尼亚风情的著名景点，更是了解罗马尼亚农村建筑艺术、民间艺术和农民生活习俗的露天博物馆。它生动地再现了罗马尼亚几百年来社会的变迁和经济、科技及人民生活不断变化与发展的过程。同时，该乡村博物馆藏有丰富多彩的雕刻、刺绣及彩陶艺术品，向人们展示了罗马尼亚不同时期传统文化的艺术成就。还有俄罗斯的木造乡村博物馆，它是露天的，有冬天教堂、夏天教堂，还有民宅及商店、传统税金、水车以及磨面粉用的风车，就像是几百年前的俄罗斯小镇重现眼前一样。德国"1950年前我们的村庄"主题博物馆、加拿大国家农业博物馆、英国乡村生活博物馆等，无一不展示了当地乡村的民俗、历史和文化特色。在国内乡村博物馆也逐渐兴起。中国茶叶博物馆坐落在西子湖畔的龙井茶乡。始建于1986年，占地3 100m²，由4组具有浓厚江南风格和茶乡特色的建筑和茶史、茶萃、茶具、茶事、茶俗5个展厅组成，形象生动地展示了中国茶叶发展史的全过程。旅游者可尝到采摘茶叶之趣，享受各式茶艺之乐。

（6）传统村落。在完全保留乡村文化的原生性基础上，村民世代传承的由物质文化遗产和非物质文化遗产的组成的村庄。如浙江省兰溪中国第一奇村诸葛八卦村，有明清两代房屋多达200余所，房屋、街巷的分布走向恰好与历史上写的诸葛亮九宫八卦阵偶合。全村绝大多数村民都是1 700多年前蜀国宰相诸葛亮的后代，并牢记先祖《诫子书》的教导，"不为良相，便为良医"，整个村子就是一个巨大的活文物。

9. 节庆型乡村旅游产品

节庆型乡村旅游是以传统的乡村民俗节日、民俗活动、民俗文化及特殊物产为主题，以举办大型节庆活动为形式而进行的一种乡村旅游开发模式。乡村节庆活动作为旅游景区或乡村旅游点的补充性内容，关键要处理好文化性与参与性、趣味性、娱乐性的结合，使节庆活动具有广泛的大众参与空间。一般来说，节庆型乡村旅游产品有传统的民俗型节庆活动和创新型节庆活动两种。

（1）民俗型节庆活动。仅以山东省为例，轻而易举就能数出泰山东岳庙会、千佛山山会、胶东沿海地区的开渔节等重要的具有较大市场影响力的乡村民俗节庆活动；荣成市的国际渔民节，源于当地渔民传统的谷雨节，是当地渔民祝愿天天鱼虾满仓，祈求神灵保佑，免灾除难的节日；长岛的妈祖文化是中国北方颇具影响力的传统文化，影响面广，民间基础好，是中国北方渔村重要的传统节庆活动之一。

（2）创新型节庆活动。创新型节庆活动是指在传统节庆活动相对匮乏的乡村，以乡村自然资源和乡村文化为基础，创造性的开发能够突出当地资源特色的节庆活动。以北京市为例，作为中国主要的政治、经济、文化的中心城市，乡村资源相对匮乏的情况下，如何开发乡村旅游是一个摆在眼前的难题。于是，整合周边近郊地区的乡村资源，创造一些乡村旅游活动就显得尤为重要。

10. 专门性乡村旅游产品

专门性乡村旅游产品，是结合乡村的区位、市场条件，开发专门性的旅游产品，提供某一种或几种专门性的乡村服务，如城市周边的乡村餐馆、与景区集合在一起的乡村旅馆等，这些产品往往是单项的。专门性乡村旅游一般提供单项的旅游服务，多结合周边城市或大的旅游景区结合开发。

（1）乡村餐饮。乡村餐饮可以从农家主食，如锅贴饼子、红白相间的栗子枣香饭、凉拌山蕨菜、馍馍、农家菜肴和农家野菜等等方面具体展开。例如在济南的南部山区（门牙一带）、泰山东御道、枣庄的"石榴人家"等城郊地区，乡村餐馆已经形成规模，有继续扩大规模、推进发展的可能和必要。但乡村餐饮应建立规范化、标准化的服务体系，旅游管理部门应抓紧出台相关标准和规则，使这些地区的乡村餐饮业走向良性发展的轨迹。

（2）乡村旅馆。在山东省内许多大景区的外围地区，可以开发与景区服务一体化的乡村旅馆。如蒙山的"沂蒙人家"、房干的村民旅馆、河口胶东渔村的"胶东渔家"旅馆、长岛的"渔家乐"旅馆、日照王家皂的"渔家乐"旅馆等，都已积累了较好的经验，有进一步推广的必要。同样，建立规范化、标准化的服务质量标准，也是这些服务项目持续发展的关键所在。

### 三、乡村旅游产品开发的原则

#### 1. 政府主导原则

政府主导型旅游开发，是国家或地方政府为给本国或本地区经济发展注入新的活力，在政府规划指导下，采取各种措施，给予旅游开发积极的引导和支持的一种新型模式。鉴于乡村旅游产品涉及农村劳动力素质与现代化旅游服务要求的矛盾、分散的村寨或农户与旅游市场的矛盾、乡村信息闭塞与宣传促销的矛盾等许多基础性的制约性瓶颈问题难以克服，农民很难直接走向市场。因此，政府必须发挥主导作用，协调相关部门，充分整合各种资金渠道、管理技术、人才和互联网等资源，形成发展合力。特别要提出的是，目前中国大多数地区的乡村旅游产品存在着认识上的偏差，缺少整体规划和市场分析，产品单一，基础设施不完善，经营范围太窄，资金投入不足，缺少政策法规约束等问题。政府必须加强主导力度，加以重点引导和扶持，尤其是基础设施问题，只有发挥政府投资主渠道作用，采用公共设施如水、电、路等由政府投资或政府与集体合作投资为主体，才有可能得到快速解决。

### 2. 社区参与原则

早在 1997 年 6 月，世界旅游组织、世界旅游理事会与地球理事会联合颁布的《关于旅游业的 21 世纪议程》，就明确提出要将居民作为旅游业发展的关怀对象，并把居民参与当做旅游发展中的一项主要内容。因此，社区参与、农民致富成为乡村旅游产品开发的本质要求。提高地区经济发展水平，改善旅游地居民的生活条件，提高其生活质量，以构建社区参与与农民主体经营或合作经营、参与经营的双赢或多赢的一体化格局也就成为了乡村旅游发展的重要目标之一。因此，旅游开发应该为当地居民提供尽可能多的就业机会；同时，也应该通过创新开发，大力拓展农副产品的利用广度和深度，提高农副产品的附加值，以不断提高居民的收入水平和整个旅游地的经济水平。特别应该侧重发展参与式乡村旅游产品的开发与规划，使农民既是参与旅游业的主力军，又是真正的最大受益者。在具体操作上，必须让社区和农民在参与乡村旅游发展过程中，通过经济参与（利益分享）、政治参与（发展决策）以拥有更多的经济自主权、政治自主权和更多的民主权。

### 3. 市场主体原则

市场主体原则是市场经济发展的普遍规律，旅游产品尤其是乡村旅游产品更应如此。没有市场的乡村旅游产品是不含有生命力的，因此，其开发过程必须以市场为导向、以资源开发为中心、以产品开发为重点，按照"市场—资源—产品—市场"的模式，开发适销对路产品。在建设特色园区、精品项目，组织主题鲜明、多层次的旅游线路产品的同时，要按照市场机制运作，避免政府唱独角戏。尤其是乡村旅游产品是从乡村社区优化和结构优化的角度指导旅游开发，不仅涉及旅游部门，还涉及乡村社区的各个方面，协调性很强，各个部门都要高效、快速协作，保证其旅游产品开发系统全面展开，一切都应围绕市场进行开发。对乡村旅游市场不仅要分析现实的乡村旅游市场，也应分析潜在的乡村旅游市场；不仅应分析客观、宏观乡村旅游市场，更应根据自己产品的特点开发乡村旅游产品的微观市场。

### 4. 择优开发原则

开发一般要经历"普遍开发—重点开发—创新开发"3 个阶段。乡村旅游资源具有遍在性特点，容易造成产品替代、无序开发、重复建设、一哄而起、一哄而散、乃至投入多、产出少、骑虎难下的局面。由于中国目前的大多数农村仍不富裕，人力、物力、财力相当有限，必须在资源普查、综合比较论证的基础上，保证重点，择优开发。对于区位条件优越、交通条件相对较为便利、自然生态环境和乡村文化至今仍具有"古、始、真、土、野"特色，且社区居民素质相对较高和具有相当开发热情的地区，应优先开发。而且要在资金、技术等方面给予重点扶持，以创造特色品牌产品，保障市场竞争力。

### 5. 突出特色原则

旅游开发时，要尽量保持旅游资源的原始性和真实性。具体表现在不仅保持大自然的原生韵味，而且要保护当地特有的传统文化，避免因开发造成文化污染，避免把城市现代化建筑、设施移植到乡村景区。旅游接待设施也应该与当地自然及文化协调，保证当地人与自然的和谐关系，提供原汁原味的"真品"和"精品"给游客。但这并不是说阻止社区进步，阻止当地发展经济，而是实现旅游与经济发展两者的最佳结合。特色是旅游产品活力之所在，而原汁原味又是与特色相辅相成。因此，旅游开发中一定要深入挖掘那些原汁原味的乡土原生文化和生态环境，以做到"人无我有"或"人有我优""人优我特"，这才是乡村旅游产品发展的根基和依托，也是世界旅游业发展的大趋势。

6. 综合功能原则

乡村旅游产品与其他旅游产品的最大区别是兼具生产、生活和生态功能，即所谓"三生功能"。生产功能就是旅游产品中有一定的水果、花卉、蔬菜、奶类、蛋品的生产经营，这样既可为游客提供农耕文明的体验，又可为游客提供无公害污染的安全优质鲜活的农副产品，还可降低旅游业脆弱性的影响；生活功能亦即休闲功能，就是为游客提供乡村观光、休闲、度假的服务和享受，使其亲近自然，放松身心，欣赏自然景色和田园风光，离开尘嚣，调整人心，还可以接触民俗风情和农耕文化，使传统贴近现代，增添知识和乐趣。生态功能，就是营造优美的原始天然乡村自然生态环境，满足游客亲近自然，复归田园、康体养生、生态认知、文化体验等旅游需要，感受人与自然，享受"天人合一"的美妙意境。此外，还有对游客的环境教育功能，使游客在旅游活动中提高环境意识。因此，旅游产品开发中要体现其功能的多样性。

7. 可持续发展原则

凡旅游资源都具有脆弱性，尤其是传统文化旅游资源还具有不可再生性，一旦破坏便很难恢复。因此，旅游产品开发必须坚持"保护第一，开发第二"的原则，形成"保护—开发—保护"的可持续发展道路。因此，一定要通过法律、技术、教育等各种手段，对旅游资源的自然与人文进行双重保护。但也必须指出可持续发展包括经济、社会和生态的可持续发展。发展乡村旅游是以获取良好经济效益，促进农民脱贫致富和农村经济可持续发展为目标。只讲保护，发展无从谈起，保护失去经济支持，也失去保护的目的。只有充分认识乡村旅游的经济价值和生态环保价值的互动性，以开发促保护，保护是为了开发，才是长久之计；只有振兴农村经济，促进农业生产，增加农民收入，才可实现旅游的可持续发展。

8. 标准化原则

旅游产品标准化就是科学规划旅游产品，为各类旅游企业提供发展方向和保持竞争优势的依据。自 1987 年我国首次出台星级饭店和评估标准以来，我国已颁布了几十项旅游标准，从而促进了我国各类旅游产品加快向保护、开发、建设、经营和管理发展的新高度。乡村不同于城市和发展成熟的旅游目的地，多数县域或发展乡村旅游的地区旅游服务水平不高，旅游基础设施明显滞后，旅游产品质量难以保证，乃至制约着乡村旅游产品质量的提高。对于乡村旅游，目前国家仅颁布了农业旅游示范景区（点）的质量标准，其他都有赖于在开发实际中创新和发展。各地乡村旅游产品开发的标准化，可以结合当地实际从乡村旅游立法、乡村旅游服务基础标准、乡村旅游管理标准、乡村旅游服务质量标准、乡村旅游服务资质标准、乡村旅游设施标准、乡村旅游服务卫生安全标准、乡村旅游生态环境标准、乡村旅游消费者权益保护标准，以及乡村旅游立法等方面入手。其标准的制定应由旅游、地理、环境、管理、经济等各方面专家组成，并应实施严格的审批制度。一经颁发便应严格实施推行。

【拓展阅读】

## "生态＋"旅游产品

做乡村旅游及休闲农业类项目，生态是核心和基础。在这个互联网飞速发展的新时代，做乡村旅游产品，也要充分依托"互联网＋生态＋乡村"大背景，融合乡村生态资源、互联网技术等，将乡村"生态＋"旅游产品做活，培育产品体系下的精品旅游项目，以绝对的竞争力在市场中站稳脚跟。

1. "生态 +"夜间旅游产品

在乡村打造夜景观、夜活动、夜表演等夜旅游娱乐项目，一方面通过夜景观烘托夜旅游氛围，为周末夜经济提供氛围支撑；另一方面将特色休闲农业旅游活动与夜旅游进行完美衔接，打造具有地方特色的乡村夜旅游项目，如夜光田等。同时，充分依托生态优势，为旅游者提供山林夜旅游活动场地，从不同个角度打造夜旅游的"山夜""水夜""乡夜"等夜旅游子品牌。

2. "生态 +"文化旅游产品

利用悠久的乡村民俗文化，旅游开发中应依托文化资源优势，打造以文化体验为核心的文化景区，以文化旅游产品与生态旅游产品互补。

3. "生态 +"养生旅游产品

以生态环境为基，以养老养生为主题，以美丽乡村为载体，面向300km范围内的旅游客源市场，开发特色乡村养生旅游产品，树立乡村养生品牌形象，打造全生态、多方位、多角度的"立体养生"旅游产品。

4. "生态 +"乡村旅游产品

乡村的生活、村民的劳作、乡村的风景都是一种特殊的乡村旅游体验，以特色乡村旅游资源为依托，打造"春观花鸟、夏泳吃鱼、秋摘硕果、冬品腊味"等农间劳作体验旅游产品，同时融合播种、收割、打核桃、摘花椒等乡村劳作体验形式，让游客从体验四季乡村的角度感受乡村旅游风情，从"乡趣"的角度丰富乡村劳作体验旅游产品。

5. "生态 +"体育旅游产品

以生态资源本底为依托，借助交通优势，打造骑行胜道、体育拓展基地等体育旅游项目，借助乡村旅游资源，发展乡村体育产业，举办乡村体育运动会、骑行比赛等节庆活动。

6. "生态 +" 研学旅游产品

随着旅游逐渐成为常态化，研学旅游产品的市场需求也不断增大，可以充分利用区位优势和乡村旅游资源优势，开展乡村知识普及和科普研究等旅游产品。以"识—农作物，辩—农耕用具器物，学—史记故事，研—乡野文化"为发展理念，形成独具特色的科普旅游产品，以满足区域城市日益膨胀的研学旅游群体。

# 第六章　乡村旅游的筹办与营销

## 第一节　乡村旅游的筹办

### 一、选择地理位置

休闲农业或乡村旅游的地理位置十分重要，直接影响生产效益。如果选址得当，会长盈不衰，顾客盈门；而选址不佳，可能造成经营惨淡、步履维艰，难以长久发展。因此，如何选择最佳的地理位置，是开发休闲农业或乡村旅游的第一步骤。

1. 合理位置的类型

（1）依托旅游景区。我国有许多著名的风景名胜区，农庄选址可以充分利用景区的品牌和较为稳定的客源，来开展餐饮、住宿、购物等服务。以浙江省天目山国家级自然保护区为例，其周边的村落如天目村，就是依托天目山来发展农家乐的。

（2）拥有优越的生态环境。选址要注意周边的环境，对于来自大城市的客源，吃住多么高档已经无所谓，但对环境却非常重视，吃饭就是吃环境。因此，选址一定要选择环境好的地方，例如，森林植被茂盛，空气清新，水质优越，环境安静等地点。

（3）拥有独特的文化景观。我国文化丰富多彩，从而诞生了许多著名的文化景点，以这些景点为依托，也可以发展农家乐乡村游。如少数民族村寨、古镇、宗教圣地等，游客可以一边接受着当地文化的熏陶，一边品尝当地的美食、欣赏当地的风景。

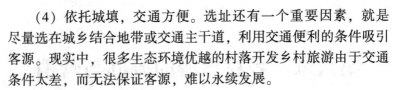

（4）依托城填，交通方便。选址还有一个重要因素，就是尽量选在城乡结合地带或交通主干道，利用交通便利的条件吸引客源。现实中，很多生态环境优越的村落开发乡村旅游由于交通条件太差，而无法保证客源，难以永续发展。

2. 最佳位置的获得

对于农家乐，其经营场所大多数以农民自己住房为场所，扩建装修多余的房屋，同时扩大其功能，一般在经营中不付房租，经营成本不高。加之，这些房屋原本在适应经营农家乐的范围之中，位置不错，一般情况下，可以盈利。

但是，从长远的发展情况看，一是目前大部分农家乐的位置并不理想，如离景区较远，交通不畅，没有充分利用自然风光和人文资源等，因此，如果获得最佳位置开办农家乐，其效益更加可观；二是由于农家乐的兴起，也引起了不少投资者的目光，一些企业、商家也看准了这一项目，采用多种形式，参与农家乐的经营，因此，获得最佳位置和黄金地段，是农家乐发展的必要条件。要取得农家乐的黄金地段，可以采取购买、新修、租赁、联营、合伙等方式进行。

3. 地理位置的选择技巧

除了按照合理类型的选择原则外，地理位置的确定还可以考虑以下几个地区：①自己居住的城乡结合地区；②与自己经济上或人事上有关系的地区；③自己希望的地区；④在自己经济预算范围内的适当地区。

前2点选择是运用地缘关系，可以广泛利用人缘拓展业务，打下创业基础，这两项则必须遵照行业特点，针对主、客观条件来考虑地理位置。常言道，人潮就是钱潮。在符合条件的地区开办农庄或农家乐，成功率高，因为至少占了七分地利。

在选定经营地点之前，必须对当地商业氛围、旅游状况等作一番实际调查分析，才能做出最后决定。例如，了解当地各农庄或农家乐及餐饮行业的设店与营业情形，包括同样的农家乐与相关行业的店铺数量、业绩如何？竞争或合作情况如何？还有来往人群的特性，如年龄、职业、性别、消费行为特征（偏好与价值）以及人潮出现的周期，在每一天的什么时段会出现什么样的消费人群？逢周末、假日、季节，是不是会有变化？有没有淡旺季之分？如果是在近郊农村，客源锁定上班一族，人潮出没的时间就有所不同，而且顾客的职业差异和收入也会影响消费行为。这些都是决定选择农家乐的经营地点时应考虑的因素。

最后，要注意租金低廉，未必是好交易。需要的是可以为您带来顾客的地点。此外，要对所租用的地段和环境等作详细的地段规划调查，如果该地段是当地政府已规划了要拆迁的地段，那就不要轻易入驻，否则，将会造成巨大损失。要搞清楚经营的地点是不是违章建筑或是政府已规划的用地，建议到当地的国土规划部门咨询。

**二、组织人员培训**

根据乡村旅游的开发模式，积极组织从业人员参加休闲农业与乡村旅游知识培训。

1. 培训类型

（1）"学校＋农户"型。乡村旅游从业人员大部分来自当地的农民，对农民的培训不是正规学历教育所能够解决的，它在很大程度上要依托于乡村现有的成人教育和职业教育资源。当地政府提供资金，由当地的旅游职业教育院校提供培训资源。这种类型的培训模式，一方面加强了"教"与"学"目的性；另一方面为学校提供一个"产学研"实验基地。

（2）"政府＋农户"型。政府相关部门有针对性的通过培训班、送教上门、一对一帮扶等多种教育和培训方式，为农民讲解国际国内开发农村旅游、开办家庭旅馆的先进经验，提高了乡村旅游从业者的素质和旅游服务技能。

（3）"研究机构＋农户"型。这类培训模式的特点是针对性强，科技含量高，是较受当地农民欢迎的一种类型。特别是生态农业旅游区，农民对生态农业高新科技的需求特别大，通过有针对性的培训，可以解决农民在生产中所遇到的农技、环境、生态等方面的问题，为农业生态旅游的可持续发展提供技术保障。

（4）"公司＋农户"型。"公司＋农户"是一种产业化经营模式，在旅游从业人员培训中同样得到了广泛应用，其具体形式多种多样。其核心是以一个技术先进、资金雄厚的公司为龙头，以分散的乡村旅游农户为基础的一种利益均沾、风险共担的经济共同体。在做法上由占股份较多的公司来组织培训，使村民具备参与旅游开发经营、旅游服务的技能，打造乡村旅游开发、经营、管理的团队。

（5）"旅游协会＋农户"型。乡村旅游要上层次、上规模，旅游协会应发挥主要作用。协会将分散的乡村旅游经营者组织起来，定期开展业务培训，通过对农民的教育和引导，改变以往农民个体型的粗放式经营，通过改善服务设施，建立经济合作体，实现乡村旅游的规范化经营，保护农民自身利益，使乡村资源得到合理利用。

2. 培训内容

由传统农业向休闲观光农业转型时员工的招聘与使用是管理的最重要问题之一，原有员工对农业熟悉，对土地有感情，只要进行适当的心理调整，农业员工完全能做好旅游服务工作。具有丰富农作经验的员工当解说员，做参与活动的指导员最为合适。当然也要抓好教育培训，提高服务质量和水平，主要包括加强乡土文化知识的培训，强化、规范化和标准化服务技能的培训，加强民俗风情的专业培训，还要加强管理，特别是加强安全管理、卫生管理和日常管理，以促进经营日益完善。对具备条件的颁发旅游接待许可证，对条件好服务质量优秀的企业进行星级评审，并挂星级牌注重制度建设，包括休闲农业开发申请条例、休闲观光农业经营者上岗管理条例、休闲观光农业质量投诉与责任事故处理条例等。根据市场发展的需要，对休闲农业园区和乡村旅游景点的决策者、组织者、经营者进行必要的知识、专业技能、管理技能、职业道德、礼仪等方面的培训。

在对人力资源进行管理时尽量采用员工利益共享制，用企业文化来统一员工思想，上级信任下级，奖惩制度化，员工培训制度化。

休闲农业园区和乡村旅游景点的服务人员、工作人员、管理人员和导游等要进行专业理论学习和实际操做培训。定期岗位培训和轮训，严格实行持证上岗制度，始终把提高管理水平和服务质量放在第一位，以适应发展的需要。

休闲农业与乡村旅游的时间具有间断性和集中性的特点。假日期间需要很多的服务人员，因此，要注意在用工集中时段对临时工进行提前培训，以便用良好的服务质量来满足游客的需求。

### 三、筹集和分配资金

不管开发一处休闲农庄，还是开农家餐馆、家庭旅馆，抑或是农家商品店，或是经营乡村旅游项目，资金的投资少则几万，多则上百万，如何筹集和使用这笔资金，是令很多农民朋友头疼的事。

#### 1. 投资概算

服务项目不同，投资也不同，同时，档次不同，投资的多少差别也很大。因此，农庄或农家乐的投资一定要有个预先的概算。

#### 2. 资金筹集

开办农庄或农家乐所需的资金往往超出农民自身可以承担的

数额，除了自有资金外，可以向周围的亲戚朋友筹借，或者通过下列 3 种方式筹集。

（1）政府投资。政府对农业项目建设上的投资主要是以财政拨款和现代农业科技示范项目形式出现，目前，政府对休闲农业项目建设发展的投资很少，不过已经有一些地方政府陆续拿出专项基金支持休闲农业项目建设。因此，休闲农业经营管理者可争取政府投资获得开发资金。

（2）农业信贷。农业信贷对农业产业化发展的重要性越来越大，农业银行也在择优贷款原则下，其信贷资金支持重点可从分散农户向农业企业尤其是龙头企业转移，这对企业化经营的休闲农业园区来说获取此项贷款资金的可能越来越大。因此，休闲农业经营管理者可通过国家开发银行、农业银行、建设银行、工商银行等国内银行争取农业信贷获得开发资金，也可以通过世界银行、亚洲银行等国外银行争取农业信贷获得开发资金。

（3）民间投资。民间投资指私人或私人企业向休闲农业领域的资金投入，是在政府基础性、政策性投资基础上的一种延续，是目前投资休闲农业项目的主体，为休闲农业的发展提供了动力。民间投资主体主要以个体业主、经营乡镇企业家、工矿企业主、房地产开发商和分散农户为主。因此，休闲农业经营管理者可通过民间投资获得开发资金。

3. 资金分配

把筹集到的有限的资金进行科学、合理的分配，把钱花在刀刃上，是提高开发质量的关键步骤。资金的分配主要分为四个方面：开发建设资金、服务配套资金、经营管理资金与交通建设资金。

开发建设资金主要包括前期规划投入、环境整修、景观设计和硬件设备所需的资金，在资金概算表里，主要指的是基础设施建设项目（除交通建设资金）。

服务配套资金主要是指经营农庄或农家乐所需的各种软件、硬件配套费用，如各种乡村旅游项目设施的开销，如豆腐坊、年糕坊、农耕工具、垂钓等。

经营管理资金主要是指农庄或农家乐营业后管理发生的费用，包括员工管理、服务质量管理、宣传促销、财务控制等。

交通建设资金是指农庄或个体农家乐经营范围内兴建及维修道路、配备交通工具等所耗费的资金。

## 第二节　乡村旅游的营销

### 一、产品策略

#### 1. 积极拓展产品组合

乡村旅游的精髓是自然生态与传统文化的完美结合，具有很大的市场发展潜力。目前，我国乡村旅游产品过于倚重田园观光类和农事活动参与类，产品组合宽度有限。田园观光类和农事参与类产品也主要局限于以农户家庭接待为主，融入一些乡情活动的"农家乐"和采摘、务农旅游，对乡村自然风光和民俗文化挖掘不深，产品组合深度不够。可以通过对休闲度假、农业修学、考察、土特产品购物等类型乡村旅游产品的开发拓展产品组合宽度，通过与生态旅游和民俗文化旅游的紧密结合进行产品创新，增加产品组合的深度。

#### 2. 向上扩展产品线

我国乡村旅游现处于旅游市场的低端，主要体现在其产品价格低廉、质量不高。我国旅游者对乡村旅游的定位也普遍是低档旅游产品，而事实上，在发达国家的乡村旅游产品的层次是较高的。我国旅游者将乡村旅游定位为低档旅游产品实则是一种误解。为修正乡村旅游在旅游者心目中的低端产品印象，同时，完善乡村旅游自身的市场线，有必要向上扩展产品线，推出高档乡村旅游产品。

## 二、价格策略

价格是旅游市场中非常敏感的因素，其合理程度决定着旅游者的购买意愿。因此，在乡村旅游中对不同的产品应采取不同的价格策略，以满足不同市场的需求。城市周末、节假日休闲度假游客出游频率高、家庭出游比例大，主要出游形式为散客旅游，对价格敏感性较强。面对此类客源市场的乡村旅游产品宜采取灵活的价格策略，充分发挥价格的杠杆作用。对于依托风景名胜区的乡村旅游产品，其目标客源市场是该风景名胜区既有客源群。风景名胜区既有客源群对于价格的敏感性相对城市周末、节假日休闲度假游客而言较小。这部分游客倾向于选择价格适中而非低廉的附加乡村旅游产品。对于以修正产品形象、完善市场线为主要目的推出的高档乡村旅游产品，应相应的采取高价策略和稳定的价格策略。高价策略的目的在于提高旅游消费者对该旅游产品价值的认知，不轻易降价的稳定价格策略则是为了维持消费者的这种认知。从而达到修正消费者心目中乡村旅游产品属于低端产品的印象、完善市场线、重塑旅游形象的目的。

## 三、促销策略

面向城市周末、节假日休闲度假游客市场的乡村旅游产品由于其客源市场地域集中性很强，可以采取广告促销和人员推销双层推进的促销策略。在城市的主要市场干道悬挂路牌广告以吸引尽可能多的潜在旅游者的关注；针对家庭短途出游计划决策者主要为妻子的特点，选择在女性观念数量多的电视节目、广播节目、报纸杂志等大众媒体上进行广告宣传；在互联网的本城市主页上链接旅游推介开展网上宣传，在居民社区、大的购物场所、大型活动会场等地进行人员推销等。对于依托风景名胜区的乡村旅游产品，则主要采取非人员促销形式。在所依托景区的出入口以及旅游集散地使用醒目的广告牌吸引游客的注意，引发游览兴趣；针对互联网受众群对商业广告厌烦的心理特点，在全国知名度较高的旅游网站或综合网站上开展以本旅游产品命名的游记征文大赛、旅游专栏等，进行潜移默化式的宣传；等等。对于高端乡村旅游产品，其促销策略根据企业经营该产品目的的不同而有所变化。以修正低端产品印象，完善市场线，重塑旅游形象为主要目的高端乡村旅游产品，其促销策略的目的在于广泛而有效的信息传播，而非该产品销售额的增长。所以，应采取在知名度和美誉度高的综合性大众媒体进行广告宣传、参加大型旅游博览会等方法。对于以乡村旅游高档市场补缺者形象出现，追求产品销售额与市场占有率的企业而言，在促销其乡村旅游产品时不宜过于依赖综合性大众媒体，而应以具有高度针对性的媒体宣传和直接销售为主，并高度重视口碑对销售的影响作用。

## 四、渠道策略

渠道策略的原则是通过对分销渠道长度、宽度的正确决策及中间商的选择、激励和评价，发挥最高的流通效率，取得最好的效益。从乡村旅游生产者到最终消费者之间机构的级数做乡村旅游市场营销渠道的长度。目前，旅游市场较常见的有零级渠道、一级渠道、二级渠道、三级渠道。零级渠道是旅游者直接向旅游产品生产者购买所需的产品，而不是通过中间机构购买，一级、二级、三级渠道则分别有 1 个、2 个、3 个中间机构。乡村旅游产品销售渠道长度的选择一般要考虑到产品特征、市场状况、企业自身条件、经济效益等因素的综合影响。一般而言，从产品特征来看，价位较高、旅游容量较小、产品内容较单一、产品更新换代快的乡村旅游产品适合短渠道策略；价位低、旅游容量大、产品内涵丰富、产品生命周期长的则适合短渠道策略。就市场状况而言，市场面较窄的乡村旅游产品宜采用短渠道；潜在市场巨大、市场面宽的适用长短结合，以渠道为主的渠道策略。从经营者自身条件来看，规模大、实力雄厚、管理能力强、销售经验丰富的企业的推广产品时可采用以短渠道为主的策略；反之，则必须依靠中间商，采用较长的渠道策略。每个渠道层次使用的中间商数目称为渠道宽度。一般而言，有以下3种渠道宽度策略可供选择：专营性分销、选择性分销和密集性分销。专营性分销严格限制中间商的数目，其中间商一般不再经营其他竞争者的产品。在这种情况下，中间商的积极性最大，与生产者企业的协作关系最密切，缺点是宽度太窄，如果该中间商无法打开市场，生产企业会有完全失去市场的风险。高端乡村旅游产品可以采取此类宽度策略，采用选择性分销渠道策略的企业只选择那些信誉较好、经验丰富、有合作诚意的中间商。中、高档乡村旅游产品可以采用此策略，有利于保持产品声誉和企业形象。密集性分销的特点是保持尽可能多的中间商数量，针对城市周末、节假日旅游市场的乡村旅游产品，其依托的城市就可以采取此类渠道策略，其缺点是对中间商的控制比较困难，易导致价格混乱、形象受损。在制定出分销渠道长度和宽度策略后，就应对中间商进行选择，还应不断地对其施以各种激励，促使其做好销售工作和信息反馈工作—中间商的信息反馈对于乡村旅游经营者了解市场需求、调整创新产品结构是非常重要的。定期对中间商进行业绩考核，根据考核结果，决定继续或终止与中间商的合作关系，保持中间商群体的动态平衡。

## 第三节 乡村旅游的管理

### 一、项目管理

建立智能完善，灵活高效的管理机构，解决好休闲农业园区和乡村旅游景点的建设和管理，以保证各项工作的顺利进行。对休闲农业园区和乡村旅游景点的建设实行法人负责制。招投标制和工程监理制。对施工和监理单位进行公开招标，对每一个具体项目的管理进行量化，明确职责，实行层层岗位责任制，将责任分解到具体人员。在休闲农业园区和乡村旅游景点建设期间成立项目协调领导小组，实行责任追究制度，严格执行相关现行的规范和标准，将质量管理贯穿到项目建设的各个环节。

#### 1. 工程管理

工程建设实行招标。公开招标，公平竞争，择优录用，既保证质量，又保证节约投资。在建设过程中，加强监督直至完工验收。

#### 2. 资金管理

休闲观光农业具有资本效率变率大，投资风险变率大，现金周转快等特点，因此有效的营销与服务质量管理制度对于资金的管理来说必不可少。要保证有偿资金的按要求偿还，严格执行国家基本建设投资计划和财政预算制度。保障建设资金足额到位，确保项目按照批准的内容施工。定期对资金使用情况进行检查，确保政策、制度的执行；监督财政资金应用和管理是否符合规定；保证各项资金使用合法、合理，杜绝挪用、滥用资金情况的发生，提高资金的使用效率；项目资金属专用资金的部分，必须实行专款专用，单独核算。

### 3. 组织管理

休闲农业园区和乡村旅游景点的开发、建设、管理、运营必须按照开发运营市场化、融资渠道多元化、经营管理现代化的总体原则，建立符合现代化企业制度要求的开发运营体制。

在休闲农业园区和乡村旅游景点建设期间成立项目协调领导小组，下设专项工程指挥部，指挥部下设计划财务部、材料供应部、工程技术部和办公室。

## 二、生产管理

休闲农业与乡村旅游是指以农业活动为基础，农业和旅游业相结合的一种新型的交叉型产业。因此，其管理既包括农业中所需要管理的对象，如植物、动物、微生物，也包括旅游业的从业人员。对前者的管理与农业产业相同；对于后者，要加强服务人员素质的培养，热情接待游客。

休闲农业园区和乡村旅游景点的生产管理是对区域内农牧产品生产过程加以规划和控制，一般包括农业种植规划、设施和机械设备的管理、生产制度的管理、品种引进的管理、培育及饲养管理、收获管理等内容。

### 1. 农业种植规划

休闲农业园区和乡村旅游景点产业布局必须符合农业生产和旅游服务的要求。确定农业生产在区域中的基础地位。规划在围绕农作物良种繁育、生物高新技术、蔬菜与花卉、畜禽水产养殖、农产品加工等产业的同时，提高观光旅游、休闲度假等第三产业在休闲农业园区和乡村旅游景点景观规划中的作用。

### 2. 设施和机械设备的管理

设施管理主要指基础设施管理和生产生活设施管理。基础设施的管理主要指道路、水道、走廊、凉亭、小桥等的维护与保养，以减少使用消耗，保证使用安全。

生产生活设施是指农产品种植大棚、生产用的机械以及非机械工具、游客娱乐休闲用的钓具、球拍、球以及一些固定娱乐设施。其管理应充分考虑其规模、季节、效益后的统筹安排与设置，以避免资源的浪费或者不足。

### 3. 生产制度的管理

生产制度的管理简而言之就是如何落实并坚持区域内农牧产品的特色化和生产的专业化，从而保持差异，保证领先。

### 4. 品种引进管理

品种引进管理是对休闲农业园区和乡村旅游景点前期需要引进的农牧产品的品种、产地、市场前景等考察核实，再结合本地区的地理气候等条件进行合理、科学的筛选分析，保证品种的优良。

### 5. 培育及饲养管理

培育及饲养管理即要坚持科学培育科学饲养，坚持适时适量的原则，避免盲目，减少浪费，提高效率，从而降低总体运营成本。

### 6. 收获管理

为保证休闲农业园区和乡村旅游景点农牧产品的特色和质量，要对农牧产品的采收和销售前的加工包装过程进行必要的标准化规范，使每个产品的品质趋于统一，从而提高产品竞争力。

## 三、财务管理

### 1. 财务管理目标

休闲农业与乡村旅游经营组织经营管理的目标，是以尽可能少的劳动消耗创造尽可能多的经济效益。财务管理目标具有很强的综合性，可概括为 2 个方面。一是财务成果的最大化。财务成果是休闲农业经营组织在一定时期内经营活动的最终成果，具体表现为营业利润和利润总额。要使休闲农业园区经营组织的财务成果最大化，必须充分利用现有资源，提高各项资产资源使用效果，还要合理进行资本运营，降低成本，减少损失。二是财务状况的最优化。财务状况是资产、负债、所有者权益三大要素之间及各要素内部各方面之间的构成情况和比例关系。财务状况的好坏，通过资产总额与负债总额的比例、流动资产与流动负债的比例等反映出来。

财务管理活动中，要处理与国家、投资者、银行等金融机构、其他企业、内部职工的财务关系，涉及方方面面的经济利益。这些关系处理的好坏，牵涉到休闲农业经营组织的内外经济环境，影响休闲农业园区经营的前途。实践证明，休闲农业园区经营以财务管理为核心，有利于促进和带动人力资源管理、物资资源管理、信息资源管理等，从而提高管理水平。

2. 财务管理内容

休闲农业经营组织财务管理的主要对象是资金运动，而资金运动贯穿于经营活动的全过程。休闲农业园区的财务管理，主要是对资金的流转过程的管理。

（1）资产管理。休闲农业园区的资产管理，包括对货币资金、结算资金、存货、固定资产、无形资产、递延资产及其他资产的管理。

（2）资金运营管理。休闲农业园区的资金运营管理，包括对筹集资金、投资运营的管理。

（3）成本费用、收入、利润管理。包括对成本费用、营业收入、利润分配的管理。

（4）财务报表管理。财务报表管理，主要是通过各类财务报表对休闲农业经营组织的业务经营活动及其所取得的财务成果进行考核、分析和评价。

### 四、安全管理与环境管理

#### 1. 安全管理

安全管理包括饮食安全管理和日常生产经营安全管理 2 个方面。做好休闲农业园区和乡村旅游景点的安全管理工作，可保证休闲农业园区和乡村旅游景点的安全性和舒适型，减少投诉和纠纷，并最终达到节约成本、提高效率的目的。

饮食安全管理主要是指休闲农业园区和乡村旅游景点餐饮安全管理和农牧产品的安全管理。餐饮安全管理包括 2 个方面，第一，控制和管理好餐厅原材料的进入渠道，设立追查机制，保证原材料的品质。第二，保证原材料加工过程以及餐厅本身的卫生安全，制定卫生标准并严格执行。

休闲农业园区和乡村旅游景点农牧产品的安全管理是指种植或养殖的农牧产品的安全管理。第一，采摘采收的水果、蔬菜、药材等要保证其安全性，不用或慎用农药，采用绿色无污染的生物杀虫剂或者运用天敌等动物杀虫方法。第二，养殖的农牧产品在其开始养殖便纳入安全管理。对饲料的安全性进行评估，杜绝饲料中掺杂激素等影响农产品质量的事故发生，并对养殖的圈舍进行定时清理消毒，通过饲养过程的安全控制，科学地喂养以保证农牧产品的新鲜性、安全性、美观性。

日常生产经营安全管理是指游客在休闲农业园区和乡村旅游景点体验游玩过程中使用的道路、凉亭、小桥、娱乐工具、水域等的安全管理，要定时检修维护，定时保养，对危险区域或危险工具，工作人员要及时口头提醒或者设立提示牌，出现纠纷要积极主动解决。

#### 2. 环境管理

对自然环境管理要做到以下几方面：杜绝对生态环境和景观

破坏性的开发；严格控制农业观光园区周边城市化、工业化对园区环境的影响；保持空气清新；树立环境意识，加强环境管理；加强环境教育，加大环境监测力度。

【拓展阅读】

## 休闲农庄的盈利模式

休闲农庄在选择盈利模式的时候，核心原则是"做减法"——不做什么比做什么更重要；学会"聚焦"，聚焦成为某个领域的专家，再配以合适的盈利模式，相信很容易成为区域休闲农业的品牌标杆。

第一类：会议为主，环境为辅——与城市酒店竞争的优势在于生态环境

目前商务会议在休闲农业中的发展突飞猛进，各大机关单位、企业机构开始流行一种"半日会议、半日休闲"的新型模式，工作休闲两不误。这种情况下休闲农庄的竞争对手就成了市区中的星级酒店。从硬件而言休闲农庄很难与星级酒店相媲美，因此，一定要体现差异化，利用是"土里土气"的生态环境，打造核心竞争力。

案例：锦绣生态农庄，75%收益来自于单位企业的会议（图6-1、图6-2）。

第二类：餐饮为主、娱乐为辅——让午餐经济变成两日消费

单一的餐饮服务通常带来的是"午餐经济"，而娱乐项目的开展，则会增加游客的停留时间，创造多次消费的机会，将"午餐经济"提升至"一日经济""两日经济"乃至"多日经济"。

案例：长沙和道源，2010年营业额1 100万元，餐饮占据70%，后又增加娱乐项目，收益更上一层楼（图6-3）。

图 6 - 1 锦绣生态农庄外部环境

图 6 - 2 锦绣生态农庄内部环境

图6-3 和道源特色烤全羊

第三类：主题为主、五感为辅——通过五感将主题深深印在脑海中

台湾休闲农业的主要发展模式就是主题型农庄。发展主题型休闲农庄，除了找到适合的主题以外，更重要的是找到如何凸显主题的方法。这一点可以从自然资源、产业、情感、文化等方面入手。

做好主题型休闲农庄，关键在于满足人的5种基本感官——听、视、嗅、味、触，从而形成第六感——"感觉"，将这个主题牢牢印在客户心中，形成某种特性的代名词。

案例：大湖乡草莓农场，产业型主题园。建设了草莓文化馆、草莓主题餐厅，每年举办多场草莓节庆活动，开发了草莓酒、草莓冰激凌、草莓蛋糕、草莓香肠、草莓饮品、草莓饰品等几十种产品，形成了以草莓为主的、"食、住、娱、游、购"全面覆盖的产业链一条龙（图6-4）。

**图6-4　草莓农场**

该农场在五感打造方面尤为着重。"听"——产品文化解说；"视"——主题型建筑、产品展示、草莓景观；"嗅"——处处散发草莓芬香；"味"——草莓宴、草莓系列产品；"触"——采摘、节庆活动等。

第四类：产业为主，体验为辅——提高农副产品的附加值，延伸产业链

传统的种养殖产业不具备高附加值，只有通过体验才能增加产品的附加值，才能扩宽产业链。水果采摘不光有门票收益，而且售价比一般的市场价格高出几倍，大大提升了产品的附加值。

案例：百果园，20多种水果200余种产品，一年四季瓜果飘香（图6-5）。

第五类：精致为主、文化为辅—有内涵才能良性发展、持续发展

并不是买一些名贵的装饰就代表精致，精致需要耐心和底蕴。精致一定要具有内涵，文化则是内涵最有效的表现手法，也

图6-5　百果园

是让休闲农庄良性发展、持续发展的关键要素。

案例：龙聚福，占地十余亩，8个包厢，以佛文化为底蕴，配以民间文化遗产（图6-6）。

图6-6　龙聚福

第六类：项目为主，创意为辅——让传统活动变得更有趣味、更具体验性

休闲农业的娱乐项目应与城市公园或游乐场所有所区别，如何通过创意的思维和手法，让普通的项目变得更具有体验性、趣味性和乡土性，是每个休闲农庄都要思考的事情。

案例：长鹿农庄，几百万起家的农庄，经过10余年发展，2010年光门票收益一个多亿（图6–7）。

**图6–7　长鹿农庄**

上述六大盈利模式是为投资者提供的投资方向，更是为经营者提供的经营思路。只有合理分配资源和资金，科学制定战略战术，休闲农庄的发展才能越来越好。

# 第七章 休闲农业与乡村旅游的
政策法规

## 第一节 国家相关政策

从事休闲农业与乡村旅游开发的企业或农民朋友，要熟悉国家在休闲农业与乡村旅游方面的政策及规划。下面整理了一些最新的国家相关政策及规划，列举如下。

### 一、2017 年中央一号文件支持政策

2017 年中央"一号文件"全文共六大条 33 小条，现将其中与休闲农业、乡村旅游有关的内容整理如下。

第三大条：壮大新产业新业态，拓展农业产业链价值链

第 13 小条：大力发展乡村休闲旅游产业。

原文：充分发挥乡村各类物质与非物质资源富集的独特优势，利用"旅游+"、"生态+"等模式，推进农业、林业与旅游、教育、文化、康养等产业深度融合。

分析：2016 年国家连续出台了"旅游+教育""农业+旅游""文化+旅游""旅游+体育""中药养生+旅游"等多种形式的乡村旅游模式，而且对于各类旅游模式从用地、金融、财税、基础设施建设等多方面给予了大力的支持。

无论是各地政府还是想要进军这一行业的个人，可考虑结合本地现有旅游资源、特色文化等方面进行深度开发，挖掘能够与

休闲农业深度融合的方式。例如，不定期开展各项特色民俗活动、传统节庆活动、体育运动竞技、研学游学活动、传统文化活动，增加活跃度和人流量。

关于与各产业深度融合，现在各地也已发展除基本模式，河北省有很多"全国休闲农业与乡村旅游示范点"，例如，易县狼牙山万亩花海休闲农业园等，个人想要借东风的可以在景区周边建造特色农庄民宿等。

原文：丰富乡村旅游业态和产品，打造各类主题乡村旅游目的地和精品线路，发展富有乡村特色的民宿和养生养老基地。

分析：这一条是对各地政府的要求，要求各地方的旅游局、农业局、交通局等各相关部门结合乡土特色、地域文化、旅游景点分布这些特点，打造乡村旅游基地和路线。

对于个人创业而言，可以结合当地整体旅游主题选择某一相关主题，与整个当地旅游资源相和谐，并争取成为主要精品旅游线路上的一处景点。特色民宿和养生养老基地也不能只是字面上的样子，要注重与环境和谐，打造生态健康的环境。当然这也涉及与当地相关部门沟通、寻求帮助，实现共赢。

原文：鼓励农村集体经济组织创办乡村旅游合作社，或与社会资本联办乡村旅游企业。

分析：在 2016 年的"一号文件"以及其他关于促进休闲农业发展的各项文件里都提到过创办乡村旅游合作社，而且各地也陆续注册了一些乡村旅游合作社，并且部分已经在全国范围内打出一定名气。河北本地旅游资源很丰富，也有一些乡村旅游合作社，但是在宣传及内容打造上与诸如重庆石柱"黄水人家"乡村旅游专业合作社等还有点差距。

原文：多渠道筹集建设资金，大力改善休闲农业、乡村旅游、森林康养公共服务设施条件，在重点村优先实现宽带全覆盖。

分析：在无网络难生存的现在，乡村旅游也一样，无论是户外还是室内，大部分的消费者都是中青年，网络是一个硬需求。所以，在乡村旅游建造过程中，网络硬件设施一定要跟上。当然也有打造纯"无网"主题的深度体验式旅游可以仅供参考。

原文：完善休闲农业、乡村旅游行业标准，建立健全食品安全、消防安全、环境保护等监管规范。支持传统村落保护，维护少数民族特色村寨整体风貌，有条件的地区实行连片保护和适度开发。

现在各地为了发展经济，乡村旅游乱象频生，旅游事故新闻层出不穷，反映出来的本质问题就是粗暴发展经济，没有建立健全食品安全、消防安全、环境保护等监管规范。诸如为了迎合"现代化"而破坏了当地的特色风貌等行为可以停止了，要因地制宜，适度开发。

第16小条：培育宜居宜业特色村镇

原文：围绕有基础、有特色、有潜力的产业，建设一批农业文化旅游"三位一体"、生产生活生态同步改善、一产、二产、三产深度融合的特色村镇。支持各地加强特色村镇产业支撑、基础设施、公共服务、环境风貌等建设。

分析：国家有一个目标，到2020年，培育1 000个特色小镇，同时还实施"千企千镇工程"工程。2016年河北省委省政府出台《关于建设特色小镇的指导意见》提出，力争通过3—5年的努力，培育建设100个产业特色鲜明、人文气息浓厚、生态环境优美、多功能叠加融合、体制机制灵活的特色小镇。而且除了本地政府的政策、资金支持，国家发改委、农业部等相关部门也会从专项建设基金、新型城镇化资金、融资等方面给予大力的支持。

原文：打造"一村一品"升级版，发展各具特色的专业村。支持有条件的乡村建设以农民合作社为主要载体、让农民充分参与和受益，集循环农业、创意农业、农事体验于一体的田园综合体，通过农业综合开发、农村综合改革转移支付等渠道开展试点示范。深入实施农村产业融合发展试点示范工程，支持建设一批农村产业融合发展示范园。

分析：带动本地农民发展农业产业，集中向循环、创意、农事体验的方向建设。只有这样才能更好更长远的发展，还能更好的获得政府的支持。农业综合开发资金、农村改革和乡村建设资金都会向这个方向倾斜。

对于产业融合来讲：第一产业是基础，重点发展绿色循环农业、优质农产品生产。农产品加工业是提升产业融合发展带动能力。休闲农业和乡村旅游是拓宽产业融合的发展途径。

所以，一再强调休闲农业一定不能脱离农业搞成单纯的旅游和娱乐，要想长远发展离不开第一产业和第二产业的支撑。

第四大条：强化科技创新驱动，引领现代农业加快发展

分析：现代农业的发展离不开科技的进步，休闲农业也是这样。因此，想要发展休闲农业的，可以向智慧农业园区、物联网园区、科技成果展示与推广园区、科技人才培育等方向发展，在产业上向高效优质绿色高产方向探索。

第五大条：补齐农业农村短板，夯实农村共享发展基础

分析：农村的生产生活基础设施、生活环境、公共服务等水平、贫困村脱贫是"三农"领域投入的重点，在这些方面的投入每年都会增加。休闲农业的建设可以与特色乡镇、美丽乡村等建设相结合。

第六大条：加大农村改革力度，激活农业农村内生发展动力

这一部分内容主要是2017年对"三农"领域国家的支持力度，从农业补贴、财政投入、金融创新、农村产权制度改革、用地、机制体制等各个方面给"三农"领域给予相关的支持。

2017年中央"一号文件"下发后，各部门将会出台相应的

实施方案，结合往年下发的各项政策文件，想要从事休闲农业的地方或个人，要及时关注国家和地方各部门对"一号文件"和相关规划的相应实施办法和意见，及时作出相关有力决策。

## 二、《"十三五"脱贫攻坚规划》

2016 年 11 月国务院印发的《"十三五"脱贫攻坚规划》明确了"十三五"时期脱贫攻坚总体思路、基本目标、主要任务和保障措施，提出了打赢脱贫攻坚战的时间表和路线图，是未来五年各地区各部门推进脱贫攻坚工作的行动指南，也是制定相关扶贫专项规划的重要依据。

旅游扶贫工程包括如下。

### 1. 旅游基础设施提升工程

支持中西部地区重点景区、乡村旅游、红色旅游、集中连片特困地区生态旅游交通基础设施建设，加快风景名胜区和重点村镇旅游集聚区旅游基础设施和公共服务设施建设。对乡村旅游经营户实施改厨、改厕、改院落、整治周边环境工程，支持国家扶贫开发工作重点县、集中连片特困地区县中具备条件的 6 130 个村的基础设施建设。支持贫困村周边 10km 范围内具备条件的重点景区基础设施建设。

### 2. 乡村旅游产品建设工程

鼓励各类资本和大学生、返乡农民工等参与贫困村旅游开发。鼓励开发建设休闲农庄、乡村酒店、特色民宿以及自驾露营、户外运动和养老养生等乡村旅游产品，培育 1 000 家乡村旅游创客基地，建成一批金牌农家乐、A 级旅游景区、中国风情小镇、特色景观旅游名镇名村、中国度假乡村、中国精品民宿。

### 3. 休闲农业和乡村旅游提升工程

在贫困地区扶持建设一批休闲农业聚集村、休闲农庄、休闲农业园、休闲旅游合作社。认定推介一批休闲农业和乡村旅游示范县，推介一批中国美丽休闲乡村，加大品牌培育力度，鼓励创建推介有地方特色的休闲农业村、星级户、精品线路等，逐步形成品牌体系。

4. 森林旅游扶贫工程

推出一批森林旅游扶贫示范市、示范县、示范景区，确定一批重点森林旅游地和特色旅游线路，鼓励发展"森林人家"，打造多元化旅游产品。

5. 乡村旅游后备箱工程

鼓励和支持农民将当地农副土特产品、手工艺品通过自驾车旅游渠道就地就近销售，推出一批乡村旅游优质农产品推荐名录。到2020年，全国建设1 000家"乡村旅游后备箱工程示范基地"，支持在邻近的景区、高速公路服务区设立特色农产品销售店。

6. 乡村旅游扶贫培训宣传工程

培养一批乡村旅游扶贫培训师。鼓励各地设立一批乡村旅游教学基地和实训基地，对乡村旅游重点村负责人、乡村旅游带头人、从业人员等分类开展旅游经营管理和服务技能培训。2020年前，每年组织1 000名乡村旅游扶贫重点村村官开展乡村旅游培训。开展"乡村旅游＋互联网"万村千店扶贫专项行动，加大对贫困地区旅游线路、旅游产品、特色农产品等宣传推介力度。组织开展乡村旅游扶贫公益宣传。鼓励各地打造一批具有浓郁地方特色的乡村旅游节庆活动。

### 三、《"十三五"旅游业发展规划》

2016年12月国务院印发的《"十三五"旅游业发展规划》指出，要实施乡村旅游扶贫工程。

通过发展乡村旅游带动2.26万个建档立卡贫困村实现脱贫。实施乡村旅游扶贫重点村环境整治行动。提升旅游扶贫基础设施，全面提升通村公路、网络通信基站、供水供电、垃圾污水处理设施水平。规划启动"六小工程"，确保每个乡村旅游扶贫重点村建好一个停车场、一个旅游厕所、一个垃圾集中收集站、一个医疗急救站、一个农副土特产品商店和一批旅游标识标牌。到2020年，完成50万户贫困户"改厨、改厕、改客房、整理院落"的"三改一整"工程。

开展旅游规划扶贫公益行动。动员全国旅游规划设计单位为贫困村义务编制能实施、能脱贫的旅游规划。

实施旅游扶贫电商行动。支持有条件的乡村旅游扶贫重点村组织实施"一村一店"。鼓励在景区景点、宾馆饭店、游客集散中心、高速公路服务区等场所开辟农副土特产品销售专区。

开展万企万村帮扶行动。组织动员全国1万家大型旅游企业、宾馆饭店、景区景点、旅游规划设计单位、旅游院校等单位，通过安置就业、项目开发、输送客源、定点采购、指导培训等方式帮助乡村旅游扶贫重点村发展旅游。

实施金融支持旅游扶贫行动。落实国家对贫困户扶贫小额信贷、创业担保贷款等支持政策。完善景区带村、能人带户、"企业（合作社）＋农户"等扶贫信贷政策，鼓励金融机构加大对旅游扶贫项目的信贷投入。

实施旅游扶贫带头人培训行动。设立乡村旅游扶贫培训基地，建立乡村旅游扶贫专家库，组织全国乡村旅游扶贫重点村村官和扶贫带头人开展乡村旅游培训。

启动旅游扶贫观测点计划。设立全国乡村旅游扶贫观测中心，对乡村旅游扶贫精准度和实效性进行跟踪观测，为有效推进乡村旅游扶贫工作提供决策依据。

## 四、《关于大力发展休闲农业的指导意见》

2016年农业部会同发展改革委、财政部等14部门联合印发了《关于大力发展休闲农业的指导意见》（以下简称《意见》）。《意见》提出，到2020年，布局优化、类型丰富、功能完善、特色明显的休闲农业产业格局基本形成；社会效益明显提高，从事休闲农业的农民收入较快增长；发展质量明显提高，服务水平较大提升，可持续发展能力进一步增强，成为拓展农业、繁荣农村、富裕农民的新兴支柱产业。

《意见》明确了七项工作任务：一是加强规划引导。遵循乡村发展规律，因地制宜编制规划，积极推进"多规合一"。二是丰富产品业态。鼓励开发休闲农庄、乡村酒店、特色民宿、户外运动等乡村休闲度假产品，探索农业主题公园、农业嘉年华、特色小镇、渔人码头等模式。三是改善基础设施。实施休闲农业和乡村旅游提升工程，扶持建设一批休闲农业聚集村、休闲农业园、休闲农业合作社，着力改善基础服务设施。四是推动产业扶贫。支持贫困户发展休闲农业合作社、农家乐和小型采摘园等，重点实施建档立卡贫困村"一村一品"产业推进行动。五是弘扬优秀农耕文化。做好农业文化遗产普查工作，加大对农业文化遗产价值的发掘，加强对已认定的农业文化遗产的动态监管，实施中国传统工艺振兴计划。六是保护传统村落。加强传统村落、传统民居的保护力度，健全保护管理机制，做好中国传统村落保护项目实施和监督。七是培育知名品牌。重点打造点线面结合的休闲农业品牌体系。鼓励各地培育地方品牌。

《意见》强调，要强化政策落实创设，鼓励各地将休闲农业项目建设用地纳入土地利用总体规划和年度计划合理安排，鼓励加大财政扶持力度，金融机构要扩大信贷支持。要加大公共服务，开展管理和服务人员培训，加强科技支撑，鼓励社会资本参与休闲农业宣传推介和公共服务平台建设。要加强规范管理，加大行业标准的制定和宣贯力度，加大对认定的示范县、点，中国美丽休闲乡村等的动态管理。要强化宣传推介，努力营造发展的

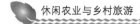

良好氛围。

### 五、《国务院关于促进旅游业改革发展的若干意见》

2014 年国务院发布的《国务院关于促进旅游业改革发展的若干意见》提出，到 2020 年，境内旅游总消费额达到 5.5 万亿元，城乡居民年人均出游 4.5 次，旅游业增加值占国内生产总值的比重超过 5% 。

文中第七条指出，大力发展乡村旅游。依托当地区位条件、资源特色和市场需求，挖掘文化内涵，发挥生态优势，突出乡村特点，开发一批形式多样、特色鲜明的乡村旅游产品。推动乡村旅游与新型城镇化有机结合，合理利用民族村寨、古村古镇，发展有历史记忆、地域特色、民族特点的旅游小镇，建设一批特色景观旅游名镇名村。加强规划引导，提高组织化程度，规范乡村旅游开发建设，保持传统乡村风貌。加强乡村旅游精准扶贫，扎实推进乡村旅游富民工程，带动贫困地区脱贫致富。统筹利用惠农资金加强卫生、环保、道路等基础设施建设，完善乡村旅游服务体系。加强乡村旅游从业人员培训，鼓励旅游专业毕业生、专业志愿者、艺术和科技工作者驻村帮扶，为乡村旅游发展提供智力支持。

## 第二节　地方相关政策

在国家文件指导下，各个地方也会根据当地实际情况出台具体的扶持政策。地方政府对旅游投资往往采取优惠扶持政策，一般包括两个方面：一是减轻资本成本的政策；二是减少运营成本的政策。前者包括向投资者提供正常贷款或者低息贷款或者提供利率补贴、免除建筑物资的税收、以低于市价的价格出让土地等；后者包括向投资者提供逐年递减的补助款项、提供免税期

（5—10 年）、对材料和物资提供免税、实行人力资源培训方面的补助等。下面列举几个代表性地方政策。

## 一、《山东省"十三五"脱贫攻坚规划》

2017 年 1 月，山东省人民政府印发了《山东省"十三五"脱贫攻坚规划》（以下简称《规划》）。《规划》明确了全省"十三五"时期脱贫攻坚总体思路、主要目标、脱贫路径、重点任务和保障措施，提出了打赢脱贫攻坚战的时间和路线，是全省各级各部门脱贫攻坚的指导性文件。乡村旅游作为扶贫开发的重要路径，一直备受重视，《规划》对发展乡村旅游扶贫做出了明确指示，内容如下。

### 1. 因地制宜推进乡村旅游开发

制定《山东省旅游脱贫村总体开发实施方案》，为 47 个国家级旅游扶贫村逐村编制脱贫开发实施规划。对有乡村旅游发展基础或条件的 400 个省定扶贫工作重点村，逐村拿出发展对策，逐户明确扶贫方式，逐人选准脱贫路径，实现"一村一策、一户一案。"扶贫农村贫困人口集中区域和贫困人口因地制宜发展农家乐、采摘园、开心农场、垂钓乐园、休闲农庄等特色产品，实现"一村一品"。择优筛选 200 个旅游资源禀赋好、区位优势明显、发展愿望强烈的旅游扶贫村作为重点帮扶村，着力打造成乡村旅游特色村，支持引导另外 200 个村发展与旅游相关的产业。切实加强乡村生态环境保护，推进乡村旅游可持续健康发展。到 2018 年年底，通过发展乡村旅游及配合其他部门实施产业扶贫，促进 400 个省定扶贫工作重点村和 10 万贫困人口增收。

### 2. 深入挖掘乡村旅游资源

依托贫困地区区位、资源、文化和生态优势，发展形式多样、特色鲜明的滑雪滑草、自驾探险、研学旅行、养生养老、农业公园等新业态。坚持特色景区、海滨度假休闲、城区公园游览、乡村旅游体验"四位一体",深入挖掘和保护生态、民宿等资源,系统推进观光游、休闲游、会展游。挖掘农村贫困人口集中区域农副产品、贫困户传统手艺等,策划包装特色旅游商品;挖掘红色旅游资源、培育红色产业等,优先支持革命老区发展红色旅游,把绿水青山变成金山银山。积极发挥新型经营主体的扶贫带动作用,鼓励合作社、家庭农场、休闲农庄、精品采摘园等新型经营主体及涉旅企业,采取"大企业+合作社+农户""能人大户+农户""家庭农场+农户""农村电商平台+农户"等发展方式,将更多贫困户纳入经营链条。

3. 着力完善乡村旅游基础设施

按照城乡一体化标准,加快乡村旅游道路交通、网络通信、自来水、下水道、液化气、暖气管道、环境卫生等基础设施建设,强化日常养护和规范管理。加快旅游停车场、旅游购物场所、游客中心、卫生医疗及规范化指引指示等配套设施建设,帮助有条件的村建立1处以上特色旅游商品销售点,不断提升乡村旅游接待和服务设施质量。实施旅游扶贫"互联网+工程",支持扶贫工作重点村建设旅游服务平台和电商平台,帮助其对接好客山东网,齐鲁乡村旅游网站等网络平台,将当地特色产品、项目等整体打包,发展智慧乡村游,开展旅游淘宝和网上形象推广、网上产品营销、网上食宿预定等,完善乡村旅游综合服务功能,助推乡村旅游提档升级。

4. 不断创新乡村旅游发展投融资方式

加大山东海滨旅游发展引导基金、山东旅游发展基金对扶贫工作重点村的投资力度,增设山东乡村旅游发展基金,重点投向开发条件好、吸纳就业多、预期效益显著的乡村旅游扶贫项目。加强与金融机构合作,争取更多的乡村旅游扶贫项目获得政策性贷款支持。引导大企业对扶贫工作重点村进行成方连片开发,集中打造一批知名度高的示范带、示范村。实施乡村旅游创客行动，筛选部分省定贫困工作重点村建立乡村旅游创客基地，支持农民兴办农家乐、开办超市等。

加快乡村旅游发展，积极推进旅游产业扶贫。2016 年重点支持 150 个村，2017 年再支持 250 个村，每个村支持 10 万 ~ 40 万元资金。2018 年，兜底完成。2019—2020 年，巩固提升脱贫攻坚成果。"十三五"时期，通过旅游景区（点）、旅游企业、发展乡村旅游等，直接间接带动 50 万贫困人口增收。

## 二、《成都市关于加快乡村旅游提档升级的实施意见》

2017 年 3 月，成都市颁布了《成都市关于加快乡村旅游提档升级的实施意见》（以下简称《实施意见》），提出 5 年内实现全市乡村旅游项目及配套设施各项投入达到 50 亿元，乡村旅游总收入超过 500 亿元，接待总人次达到 1.2 亿元。

1. 打造世界乡村旅游目的地

《实施意见》指出，要推动乡村旅游发展由单一休闲向深度体验转变、由简单粗放向精细品质转变、由数量规模向质量效益转变，推动乡村旅游特色化、文创化、品牌化、连片化发展，使乡村旅游成为成都市旅游产业发展的新亮点、增长点。

在具体目标上，《实施意见》提出，通过 5 年时间，将成都打造成为"乡村田园秀丽、民俗风情多姿、生态五彩斑斓、功能现代时尚"的世界乡村旅游目的地。构建"四区十二线"的产业发展格局，编制《成都市乡村旅游国际化服务规范》《成都市乡村民宿服务质量划分与评定规范》等区域性地方标准。

2. 推进"三权"分离 实施"旅游＋"

在实现路径上，《实施意见》要求，推进乡村旅游所有权、经营权和管理权"三权"分离，建立现代企业制度。实施"旅游＋"融合发展行动，将双创、文化、康养、教育、金融、体育等融入乡村旅游发展。

在水稻、油菜等规模化生产中，融入大地农业景观；将现代农业、现代林业基地建设成为优质农产品生产区、加工区和乡村旅游风景区；大力发展综合性休闲农业园区、农业主题公园、赏花基地、水利风景区（河湖公园），将田园变公园、农区变景区、农房变客房。

《实施意见》中提到，支持成立乡村旅游合作社（合作联社）或村镇股份制企业，实施"施百千万"乡村旅游培训提升工程。鼓励各区（市）县组建旅游产业基金支持乡村旅游发展，创建一批乡村旅游创客示范基地，统筹策划一批乡村旅游节庆活动，做到月月有节会、每节有特色。

3. 纳入目标考核完善用地政策

在保障措施上，成都成立加快乡村旅游提档升级工作领导小组，建立定期工作联席会议制度，将该项工作纳入年度目标考评。

在用地政策上，《实施意见》结合扶贫开发、新村建设等工程，探索集体建设用地使用权入股、流转等乡村旅游景区、度假区等旅游设施用地保障方式。盘活农村存量闲置建设用地或通过土地综合整治调整使用存量建设用地，城乡增减挂钩等土地综合整治项目，应预留不低于 5% 的建设用地指标给集体经济组织。调整使用的建设用地和节余的建设用地指标在符合土地利用总体规划和用途管制的前提下，可依据旅游、城乡建设、环境保护等专项规划的安排，用于发展乡村旅游。

### 三、《宁波市乡村旅游项目补助实施细则》

2015 年 10 月，宁波市旅游局、宁波市财政局联合印发了《宁波市乡村旅游项目补助实施细则》。补助内容包括如下。

1. 规划编制

申报范围：乡村旅游重点镇村。

申报条件：编制乡村旅游发展规划并通过市县旅游部门牵头组织评审。

补助标准：按实际规划编制费的50%给予补助，一般补助5万～10万元，单个规划最多补助20万元。

2. 基础设施和公共服务设施建设

申报范围：以游客为主要服务对象的旅游基础设施和公共服务设施，包括游客中心、停车场、旅游厕所、标识标牌、观景平台、信息化改造等建设项目，已申报乡村旅游集聚区的项目除外。

申报条件：参照达到《旅游景区质量等级的划分与评定（修订）》（GB/T 17775—2003）3A级旅游景区有关要求（或其他相关单体项目建设规范）年度内完成建设并投入使用，通过市旅游局组织验收。

补助标准：按项目建设实际投入的50%给予补助，一般补助5万～20万元，单个项目最多补助50万元。

3. 乡村旅游住宿业发展

（1）乡村民宿。

申报范围：正式开业的乡村民宿。

申报条件：农业、旅游等专业公司投资开发且床位在10张以上的乡村民宿，或以行政村为单位整体开发且床位在50张以上的乡村民宿，并经市旅游局认定。

补助标准：按照每张床位1 000～2 000元进行补助，其中特色民宿每张床位补助2 000元，其他民宿每张床位补助1 000元，单个项目最多补助30万元。

（2）特色客栈（花级酒店、主题饭店）。

申报范围：正式开业6个月以上的住宿设施（星级饭店除外）。

申报条件：符合《特色客栈等级划分规范》（DB 3302/T

1066—2015）有关要求并获评为三叶级及以上特色客栈；符合《花级酒店的划分与评定》（DB 3302/T 1013—2012）有关要求并获评为三花级及以上酒店；符合《特色文化主题饭店基本要求与评定》（DB 33/T 871—2012）有关要求并获评为金鼎级特色文化主题饭店或银鼎级特色文化主题饭店。

补助标准：五叶级特色客栈、五花级酒店，每家给予一次性补助 15 万元；四叶级特色客栈、四花级酒店、金鼎级特色文化主题饭店，每家给予一次性补助 10 万元；三叶级特色客栈、三花级酒店、银鼎级特色文化主题饭店，每家给予一次性补助 5 万元。

### 4. 乡村旅游新业态培育

申报范围：各类旅游与相关产业融合发展形成的乡村旅游新业态，包括并不止于文化旅游示范基地、老年养生旅游示范基地、中医药文化养生旅游示范基地、运动休闲旅游示范基地、工业旅游示范基地、旅游商品购物点、果蔬采摘基地、房车旅游服务区等。如有新的类型增加，参照此细则给予相应补助。

申报条件：符合浙江省旅游局会同相关部门联合制定的评定标准和要求，并获评为浙江省文化旅游示范基地、浙江省老年养生旅游示范基地、浙江省中医药文化养生旅游示范基地、浙江省运动休闲旅游示范基地、浙江省工业旅游示范基地等；符合浙江省旅游标准委员会制定的评定标准和要求，并获评为浙江省果蔬采摘基地、四星级及以上旅游商品购物点、三星级及以上房车旅游服务区等。

补助标准：浙江省文化旅游示范基地，每个给予一次性补助 20 万元；浙江省老年养生旅游示范基地、浙江省中医药文化养生旅游示范基地、浙江省运动休闲旅游示范基地、浙江省工业旅游示范基地、三星级及以上房车旅游服务区，每个给予一次性补助 10 万元；四星级及以上旅游商品购物点、浙江省果蔬采摘基地，每个给予一次性补助 5 万元。

### 5. 乡村旅游集聚区建设

以重点镇、村为基础，但不限于行政区划的乡村旅游集聚区域，当年度实际完成旅游项目投资 2 000 万元（其中，当地财政投入不少于 200 万元），且第二年计划投资不少于 2 000 万元（其中，当地财政投入不少于 200 万元），并经市旅游局认定为乡村旅游集聚区，每个给予一次性补助 100 万元。具体认定办法另行制订。

## 第三节　经营管理法规

休闲农业与乡村旅游经营的项目主要涉及住宿业、餐饮业、娱乐业等内容，因此了解以下相关法规，是合法、规范经营的前提。

### 一、《中华人民共和国食品法》

为保证食品卫生，防止食品污染和有害因素对人体的危害，保障人民身体健康，增强人民体质，制定本法。国家实行食品卫生监督制度。国务院卫生行政部门主管全国食品卫生监督管理工作。国务院有关部门在各自的职责范围内负责食品卫生管理工作。凡在中华人民共和国领域内从事食品生产经营的，都必须遵守本法。本法适用于一切食品，食品添加剂，食品容器、包装材料和食品用工具、设备、洗涤剂、消毒剂；也适用于食品的生产经营场所、设施和有关环境。

### 二、《住宿业卫生规范》

为加强住宿场所卫生管理，规范经营行为，防止传染病传播与流行，保障人体健康，依据《中华人民共和国传染病防治法》

《公共场所卫生管理条例》《突发公共卫生事件应急条例》《艾滋病防治条例》《化妆品卫生监督条例》等法律、法规，制定《住宿业卫生规范》。分别从场所卫生要求、卫生操作要求、卫生管理、人员卫生要求等方面做了详细规范。

### 三、《餐饮业食品卫生管理办法》

为加强餐饮业的卫生管理，保障消费者身体健康，根据《中华人民共和国食品卫生法》，制定《餐饮业食品卫生管理办法》。

该办法对卫生管理、食品的采购和贮存、食品加工的卫生要求、餐饮具的卫生、餐厅服务和外卖食品的卫生要求等做了具体规定。

### 四、《农家乐经营服务规范》

《中华人民共和国国内贸易行业标准：农家乐经营服务规范（SB/T 10421—2007）》由中华人民共和国商务部发布。

内容包括农家乐等级划分及标识、农家乐经营服务基本要求、农家乐经营服务等级条件、评定管理原则等。

对于一些地方的经营者，还需要了解当地的一些法规标准，例如，北京市的农家乐经营户，还需要了解《北京市旅游管理条例》《北京市"农家乐"餐饮卫生许可条件》等。

## 第四节  环境保护法规

在发展休闲农业和乡村旅游时，不能以牺牲资源、破坏环境为代价，要做好环境保护。因此，要加强对环境保护法规的了解。

### 一、生态环境保护政策

**1.《"十三五"生态环境保护规划》**

2016年11月，国务院印发了《"十三五"生态环境保护规划》。其主要内容分为3个部分。

第一部分是全国生态环境保护形势和"十三五"工作的指导思想、基本原则、主要目标。

第二部分主要阐述《规划》主要内容，分7个方面。分别是强化源头防控，夯实绿色发展基础；深化质量管理，大力实施三大行动计划；实施专项治理，全面推进达标排放与污染减排；实施全程管控，有效防范和降低环境风险；加大保护力度，强化生态修复；加快制度创新，积极推进治理体系和能力现代化；实施一批国家生态环境保护重大工程。

第三部分是健全规划实施保障措施。包括明确责任分工、加大投入力度、加强国际合作、推进试点示范、严格评估考核等五个方面。其中，在重点工程投资方面，鼓励建立多元化投资格局，主要以企业和地方为主，中央财政根据中央与地方事权划分原则给予适当支持。

**2.《全国生态环境保护纲要》**

2000年12月22日，国务院正式发布了《全国生态环境保护纲要》（以下简称《纲要》）。《纲要》针对不同区域生态破坏的原因和特点，提出了"三区"推进生态环境保护的战略，即在今后一个时期内，国家将重点抓好3种不同类型区域的生态环境保护。

（1）重要生态功能区的生态环境保护。重要生态功能区包括江河源头区、重要水源涵养区、水土保持的重点预防保护区和重点监督区、江河洪水调蓄区、防风固沙区和重要渔业水域等重要生态功能区，在保持流域、区域生态平衡，减轻自然灾害，确保国家和地区生态环境安全方面具有重要作用。

（2）重点资源开发的生态环境保护。切实加强对水、土地、森林、草原、海洋、矿产等重要自然资源的环境管理，严格资源开发利用中的生态环境保护工作。各类自然资源的开发，必须遵守相关的法律法规，依法履行生态环境影响评价手续；资源开发重点建设项目，应编报水土保持方案，否则，一律不得开工建设。

（3）生态良好地区的生态环境保护。生态良好地区特别是物种丰富区是生态环境保护的重点区域，要采取积极的保护措施，保证这些区域的生态系统和生态功能不被破坏。在物种丰富、具有自然生态系统代表性、典型性、未受破坏的地区，应抓紧抢建一批新的自然保护区。要把横断山区、新青藏接壤高原山地、湘黔川鄂边境山地、浙闽赣交界山地、秦巴山地、滇南西双版纳、海南岛和东北大小兴安岭、三江平原等地区列为重点，分期规划建设为各级自然保护区。对西部地区有重要保护价值的物种和生态系统分布区，特别是重要荒漠生态系统和典型荒漠野生动植物分布区，应抢建一批不同类型的自然保护区。

3.《全国生态脆弱区保护规划纲要》

2008年9月27日，中国环保部编制了《全国生态脆弱区保护规划纲要》。该《纲要》的目标分析如下。

（1）近期（2009—2015年）目标。明确生态脆弱区空间分布、重要生态问题及其成因和压力，初步建立起有利于生态脆弱区保护和建设的政策法规体系、监测预警体系和长效监管机制；研究构建生态脆弱区产业准入机制，全面限制有损生态系统健康发展的产业扩张，防止因人为过度干扰所产生新的生态退化。到2015年，生态脆弱区战略环境影响评价执行率达到100%，新增治理面积达到30%以上；生态产业示范已在生态脆弱区全面开展。

（2）中远期（2016—2020 年）目标。生态脆弱区生态退化趋势已得到基本遏止，人地矛盾得到有效缓减，生态系统基本处于健康、稳定发展状态。到 2020 年，生态脆弱区 40% 以上适宜治理的土地得到不同程度治理，退化生态系统已得到基本恢复，可更新资源不断增值，生态产业已基本成为区域经济发展的主导产业，并呈现持续、强劲的发展态势，区域生态环境已步入良性循环轨道。

4.《国家重点生态功能保护区规划纲要》

2007 年 12 月 7 日，中国环保部正式发布了《国家重点生态功能保护区规划纲要》。该《纲要》对在生态功能保护区重点开展的工作分析如下。

（1）合理引导产业发展。充分利用生态功能保护区的资源优势，合理选择发展方向，调整区域产业结构，发展有益于区域主导生态功能发挥的资源环境可承载的特色产业，限制不符合主导生态功能保护需要的产业发展，鼓励使用清洁能源。

①限制损害区域生态功能的产业扩张：根据生态功能保护区的资源禀赋、环境容量，合理确定区域产业发展方向，限制高污染、高能耗、高物耗产业的发展。要依法淘汰严重污染环境、严重破坏区域生态、严重浪费资源能源的产业，要依法关闭破坏资源、污染环境和损害生态系统功能的企业。

②发展资源环境可承载的特色产业：依据资源禀赋的差异，积极发展生态农业、生态林业、生态旅游业；在中药材资源丰富的地区，建设药材基地，推动生物资源的开发；在畜牧业为主的区域，建立稳定、优质、高产的人工饲草基地，推行舍饲圈养；在重要防风固沙区，合理发展沙产业；在蓄滞洪区，发展避洪经济；在海洋生态功能保护区，发展海洋生态养殖、生态旅游等海洋生态产业。

③推广清洁能源：积极推广沼气、风能、小水电、太阳能、

地热能及其他清洁能源，解决农村能源需求，减少对自然生态系统的破坏。

（2）保护和恢复生态功能。遵循先急后缓、突出重点，保护优先、积极治理，因地制宜、因害设防的原则，结合已实施或规划实施的生态治理工程，加大区域自然生态系统的保护和恢复力度，恢复和维护区域生态功能。

①提高水源涵养能力：在水源涵养生态功能保护区内，结合已有的生态保护和建设重大工程，加强森林、草地和湿地的管护和恢复，严格监管矿产、水资源开发，严肃查处毁林、毁草、破坏湿地等行为，合理开发水电，提高区域水源涵养生态功能。

②恢复水土保持功能：在水土保持生态功能保护区内，实施水土流失的预防监督和水土保持生态修复工程，加强小流域综合治理，营造水土保持林，禁止毁林开荒、烧山开荒和陡坡地开垦，合理开发自然资源，保护和恢复自然生态系统，增强区域水土保持能力。

③增强防风固沙功能：在防风固沙生态功能保护区内，积极实施防沙治沙等生态治理工程，严禁过度放牧、樵采、开荒，合理利用水资源，保障生态用水，提高区域生态系统防沙固沙的能力。

④提高调洪蓄洪能力：在洪水调蓄生态功能保护区内，严禁围垦湖泊、湿地，积极实施退田还湖还湿工程，禁止在蓄滞洪区建设与行洪泄洪无关的工程设施，巩固平垸行洪、退田还湿的成果，增强区内调洪蓄洪能力。

⑤增强生物多样性维护能力：在生物多样性维护生态功能保护区内，采取严格的保护措施，构建生态走廊，防止人为破坏，促进自然生态系统的恢复。对于生境遭受严重破坏的地区，采用生物措施和工程措施相结合的方式，积极恢复自然生境，建立野生动植物救护中心和繁育基地。禁止滥捕、乱采、乱猎等行为，

加强外来入侵物种管理。

⑥保护重要海洋生态功能：在海洋生态功能保护区内，合理开发利用海洋资源，禁止过度捕捞，保护海洋珍稀濒危物种及其栖息地，防治海洋污染，开展海洋生态恢复，维护海洋生态系统的主要生态功能。

（3）强化生态环境监管。通过加强法律法规和监管能力建设，提高环境执法能力，避免边建设、边破坏；通过强化监测和科研，提高区内生态环境监测、预报、预警水平，及时准确掌握区内主导生态功能的动态变化情况，为生态功能保护区的建设和管理提供决策依据；通过强化宣传教育，增强区内广大群众对区域生态功能重要性的认识，自觉维护区域和流域生态安全。

①强化监督管理能力：健全完善相关法律法规，加大生态环境监察力度，抓紧制订生态功能保护区法规，建立生态功能保护区监管协调机制，制定不同类型生态功能保护区管理办法，发布禁止、限制发展的产业名录。加强生态功能保护区环境执法能力，组织相关部门开展联合执法检查。

②提高监测预警能力：开展生态功能保护区生态环境监测，制定生态环境质量评价与监测技术规范，建立生态功能保护区生态环境状况评价的定期通报制度。充分利用相关部门的生态环境监测资料，实现生态功能保护区生态环境监测信息共享，并建立重点生态功能保护区生态环境监测网络和管理信息系统，为生态功能保护区的管理和决策提供科学依据。

③增强宣传教育能力：结合各地已有的生态环境保护宣教基地，在生态功能保护区内建立生态教育警示基地，提高公众参与生态功能保护区建设的积极性。加强生态环境保护法规、知识和技术培训，提高生态功能保护区管理人员和技术人员的专业知识和技术水平。

④加强科研支撑能力：开展生态功能保护区建设与管理的理

论和应用技术研究，揭示不同区域生态系统结构和生态服务功能作用机理及其演变规律。引导科研机构积极开展生态修复技术、生态监测技术等应用技术的研究。

## 二、土壤环境保护政策

### 1.《土壤污染防治行动计划》

2016 年 5 月，国务院印发了《土壤污染防治行动计划》。其总体要求为全面贯彻党的"十八大"和十八届三中、四中、五中全会精神，按照"五位一体"总体布局和"四个全面"战略布局，牢固树立创新、协调、绿色、开放、共享的新发展理念，认真落实党中央、国务院决策部署，立足我国国情和发展阶段，着眼经济社会发展全局，以改善土壤环境质量为核心，以保障农产品质量和人居环境安全为出发点，坚持预防为主、保护优先、风险管控，突出重点区域、行业和污染物，实施分类别、分用途、分阶段治理，严控新增污染、逐步减少存量，形成政府主导、企业担责、公众参与、社会监督的土壤污染防治体系，促进土壤资源永续利用，为建设"蓝天常在、青山常在、绿水常在"的美丽中国而奋斗。

到 2020 年，全国土壤污染加重趋势得到初步遏制，土壤环境质量总体保持稳定，农用地和建设用地土壤环境安全得到基本保障，土壤环境风险得到基本管控。到 2030 年，全国土壤环境质量稳中向好，农用地和建设用地土壤环境安全得到有效保障，土壤环境风险得到全面管控。到本世纪中叶，土壤环境质量全面改善，生态系统实现良性循环。

### 2.《国家环境保护"十三五"科技发展规划纲要》

2016 年 11 月，国家环保部印发《国家环境保护"十三五"科技发展规划纲要》（以下简称《纲要》）。该《纲要》指出："十三五"环保科技要紧密围绕环保中心工作，围绕大气污染防治、土壤污染防治、生态治理、废物资源化、化学品风险控制、核与辐射安全等领域实施一批国家重点研发计划重点专项，重点强化一批监测预警、污染防治等关键技术创新研发。

**三、生物多样性保护政策**

1. 《中国生物多样性保护战略与行动计划》

2010 年 9 月 17 日，国务院常务会议第 126 次会议审议通过了《中国生物多样性保护战略与行动计划》（2011—2030 年）。该《行动计划》的中期和远景目标分析如下。

（1）中期目标。到 2020 年，努力使生物多样性的丧失与流失得到基本控制。生物多样性保护优先区域的本底调查与评估全面完成，并实施有效监控。基本建成布局合理、功能完善的自然保护区体系，国家级自然保护区功能稳定，主要保护对象得到有效保护。生物多样性监测、评估与预警体系、生物物种资源出入境管理制度以及生物遗传资源获取与惠益共享制度得到完善。

（2）远景目标。到 2030 年，使生物多样性得到切实保护。各类保护区域数量和面积达到合理水平，生态系统、物种和遗传多样性得到有效保护。形成完善的生物多样性保护政策法律体系和生物资源可持续利用机制，保护生物多样性成为公众的自觉行动。

2. 《中华人民共和国野生动物保护法》

《中华人民共和国野生动物保护法》已由中华人民共和国第十二届全国人民代表大会常务委员会第二十一次会议于 2016 年 7 月 2 日修订通过，自 2017 年 1 月 1 日起施行。

在现行的《野生动物保护法》中，对虐待动物等一些违反社会公德的行为并没有明确地加以限制和禁止。

修订后的新法在保障动物福利方面作出了具有历史意义的规定。

（1）新法在第二十六条中规定了实质性的动物福利保护内容："人工繁育国家重点保护野生动物……根据野生动物习性确保其具有必要的活动空间和生息繁衍、卫生健康条件，具备与其繁育目的、种类、发展规模相适应的场所、设施、技术，符合有关技术标准和防疫要求"。这种用实质性规定来取代名义条款的做法，是一个明智之举，待社会进一步形成动物保护意识之后，再明确规定"动物福利"，水到渠成。

（2）第二十六条明确规定"不得虐待野生动物"。在我国，"禁止虐待动物"这一规定最早出现于清末时期京城的城市管理规定之中，民国时期也有相关规定。新法增设此规定，是我国反虐待动物史上的一个里程碑。其实，不得虐待动物就是最低层次的动物福利保护，这一修改也是我国动物福利保护法史上的一件大事。

（3）新法第二十九条规定，"利用野生动物及其制品的，应当以人工繁育种群为主，有利于野外种群养护，符合生态文明建设的要求，尊重社会公德，遵守法律法规和国家有关规定。"这为禁止残忍地对待、利用野生动物打下了法制基础，是我国人道立法的重大进步，是中华文化法制化的进步。对待动物人道，有助于促进人与人之间的和谐。

新修订的《野生动物保护法》将第二章的标题"野生动物保护"改为"野生动物及其栖息地保护"，实现了保护对象的全面性、系统性和相关性。如在制定规划的时候，对野生动物栖息地、迁徙通道的影响要进行论证；建设铁路、桥梁等工程时，可能会破坏一些野生动物的栖息地和迁徙通道，应该采取一些补救措施。

为了保护野生动物栖息地，新法还规定国家林业行政主管部门要确定并发布野生动物重要栖息地名录。

很多野生动物的消失和它们的栖息地碎片化有很大关系，所以必须促进野生动物栖息地的整体化。目前，我国正在根据国家公园改革方案，研究国家公园立法，这对于整合自然保护区、湿地公园、森林公园、野生动物保护栖息地等相关区域是一个利好。

此外，新修订的《野生动物保护法》还有以下亮点：限制和规范了野生动物的利用，重视对野生动物所致损害的补偿，提出了各方参与保护的制度和机制，增加了4种违法行为的情形，规定的法律责任更加严厉等。

### 四、农村环境保护政策

1. 《农村生活污染防治技术政策》

2010年2月8日，国家环保部下发了《农村生活污染防治技术政策》（以下简称《技术政策》）。

《技术政策》中明确提出了3条主要技术路线。借鉴城市在工业污染防治领域应用行之有效的技术思路，并体现清洁生产理念，提出了源头削减、全过程控制污染的技术路线；分析城市生活污染防治集中处理模式，并充分考虑城市与农村生活污染防治工作的差异性，提出了以分散处理为主、分散处理与集中处理相结合的原则；利用已有环境污染处理设施，整合多方面公共资源，提出了建立县（市）、镇、村一体化的生活污染防治体系技术路线。

2. 《农药包装废弃物回收处理管理办法（试行）》

2015年4月14日，国家环保部下发《农药包装废弃物回收处理管理办法（试行）》（征求意见稿）。

办法规定，生产企业农药产品包装规范不符合相关技术要求的，农药工业主管部门不予发放该产品生产许可证或者生产批准证；不开展农药包装废弃物回收的农药生产企业，国务院农业主管部门在农药产品续展登记时，取消其农药登记证。

【拓展阅读】

## 北京国内首推乡村游政策性保险

在京郊游市场快速升温之时，因保险缺位而出现的纠纷也不断增多。为此，2017年3月7日，市旅游委力推的京郊旅游政策性保险正式启动，首批农户签署投保协议。一直以来，由于京郊旅游场所地处郊区、山区及河流等地区，同属人员密集的公共场所，一旦发生自然灾害或重大安全生产事故，极易对游客或经营者本身造成巨大的人员伤亡或财产损失。而此次京郊旅游政策性保险计划试水，将有望补足短板。

市旅游委相关负责人介绍，京郊旅游政策性保险体系是市旅游委继北京旅游产业发展基金、北京旅游资源交易平台、京郊旅游融资担保服务体系之后推出的第四个金融支持平台，也是全国首个针对民俗旅游的政策性保险平台。京郊旅游政策性保险工作将试点3年，政府累计保费补贴约500万元，能够累计为1.8亿人次游客提供公共场所的安全保障。

具体来看，在上述旅游保险新政中，北京市星级民俗户、乡村旅游特色业态经营户以及京郊3A级（含）以下景区可参保。商户投保后，因经营业务发生意外事故，或提供的食品、饮料等问题造成游客人身伤亡，由保险公司负责赔偿。市级财政对标准保费给予80%的补贴，投保人自付标准保费的20%。

据计算，一家星级民俗户每年标准保费为360元，其中政府财政补贴288元，投保人自付72元，全年累计赔偿金额达到60万元；特色业态经营单位（户）每年标准保险费为1 000元，其中，政府财政补贴800元，投保人自付200元，全年累计赔偿金额达到120万元。业内分析人士指出，以政府财政补贴保费为手段提升参保率和覆盖面，通过较低的保费支出获得大额保险保障，能够发挥商业保险风险转移和社会管理的作用。

市场调研报告显示，京郊游呈快速扩容态势，2015年京郊乡村旅游人次比2010年增长21.5%，年均增幅为4%，京郊乡村旅游收入年均增幅达9.3%，而去年游客量持续上升。但随着京郊游越来越受推崇，旅游纠纷也呈上涨态势。不久前，怀柔法院警示，2011—2016年，该法院受理涉旅游人身侵权纠纷案件共计78件，其中，如滑雪场多起受伤案、CS彩弹射击致眼球摘除案、乘坐废弃船只溺亡案、"山吧"中毒案等一系列案件的出现，给京郊旅游安全敲响了警钟。法院直指，京郊游产生的意外正在增多，高风险项目带来的人身侵权纠纷约占京郊游纠纷的65%，景区、游玩项目经营者应尽到安全保障义务。

"在京郊游发展中，保险是需要解决的一大难题，因为，一旦出现纠纷，没有保险支撑，消费者和民宿游经营者均面临很大风险。"一位旅游专家分析。根据相关规定，北京鼓励民宿旅游经营者通过购买保险等方式为旅游者提供安全保障。不过，多家民宿经营者均表示不可能为游客购买保险。根据一组被业内广泛引用的数据，以京郊游中民宿行业为例，没有购买保险的民宿经营者中，仅有10%认为自己不需要购买保险，10%认为现有保险不适合自己的业务，80%的民宿经营者则因为没有渠道平台了解和购买保险而放弃。

"目前政府通过购买商业保险，不仅有效地提高了旅游行业的安全保障能力，同时，丰富了政府转变职能的路径。而在整个保险行业鼓励创新、提升质量的大背景下，保险行业将以旅游＋保险的模式，进一步加强与旅游业的联系。"中国保险行业协会财险二部部长表示。

同样值得关注的是，部分京郊游经营户在接受北京商报记者采访时也提及，未来随着保险新政的落地，经营者和游客都有规可依，市场规范了，自然会吸引更多的游客来体验。但是，由于京郊游政策性保险刚刚出台，还处于试用阶段，一旦出现安全事故，能否顺利理赔还有待观察。此外，现阶段政府对标准保费给予80%的补贴，希望随着大量旅游经营户签保，政府能够继续给予补贴扶持。

（来源：北京商报，2017年03月08日）

# 参考文献

本书编委会.2008.休闲农业与乡村旅游发展工作手册 [M].北京：中国建筑工业出版社.

耿红莉.2015.休闲农业与乡村旅游发展理论和实务 [M].北京：中国建筑工业出版社.

黄凯.2016.休闲农业与乡村旅游 [M].北京：中国财富出版社.

骆高远.2016.休闲农业与乡村旅游 [M].杭州：浙江大学出版社.

姚元福，逯昀.2015.休闲农业与乡村旅游 [M].北京：中国农业科学技术出版社.